中国单宁植物

CHINA TANNIN VEGETABLE

张亮亮　侯学良　等著

全国百佳图书出版单位

化学工业出版社

·北京·

内容简介

本书系统介绍了我国常见的24科72种单宁植物及其单宁含量、质量和分布情况。本书对我国植物单宁资源及其加工利用知识进行了较全面的介绍，对我国植物单宁资源开发利用具有指导意义。本书的适用对象为从事植物单宁化学基础研究及产品开发利用的科研人员，也可供植物单宁加工行业相关技术人员和分析检测人员参考。

图书在版编目（CIP）数据

中国单宁植物 / 张亮亮等著. —北京：化学工业出版社，2023.1（2023.9 重印）
ISBN 978-7-122-42415-0

Ⅰ.①中… Ⅱ.①张… Ⅲ.①单宁植物—中国 Ⅳ.①S577

中国版本图书馆 CIP 数据核字 (2022) 第 199990 号

责任编辑：张　艳
文字编辑：白华霞　林丹
责任校对：宋　玮
装帧设计：溢思视觉设计 / 姚艺
E-mail: isstudio@126.com

出版发行：化学工业出版社
　　　　　（北京市东城区青年湖南街 13 号　邮政编码 100011）
印　　装：北京印刷集团有限责任公司
710mm×1000mm　1/16　印张 13½　字数 219 千字
2023 年 9 月北京第 1 版第 2 次印刷

购书咨询：010-64518888
售后服务：010-64518899
网　　址：http://www.cip.com.cn

凡购买本书，如有缺损质量问题，本社销售中心负责调换。

定　　价：128.00 元

植物单宁（vegetable tannins）又称植物多酚，是植物次生代谢产物，在高等植物体内广泛存在。大多数单宁由木本植物提取获得，在林产化学工业中属于植物提取物，其在针叶类植物树皮中含量高达20%~40%。在森林资源综合利用方面，单宁是一种重要的功能性物质，由于森林具有可再生性，故单宁可由森林更新不断取得，同时随着化石能源等不可再生资源日益枯竭，以单宁为首的天然提取物资源战略地位将逐步攀升，因此充分发挥其生物活性将是植物单宁高值化利用的重要方向。

植物单宁加工业是林产化工传统产业的重要组成部分。植物单宁加工产品是我国主要的林产化工产品，包括主要用作制革鞣剂、钻探泥浆稀释剂、木材胶黏剂、气体脱硫剂等的各种栲胶和主要用于医药中间体、食品添加剂、酒类澄清剂、抗氧化剂等制造业的没食子单宁基产品（如单宁酸、没食子酸、焦性没食子酸及其衍生物产品等）。各种植物单宁加工产品用途广泛，国内外市场前景十分广阔。

我国从20世纪50年代开始开发本国植物单宁资源，在内蒙古、陕西、贵州、湖北、广西、四川、湖南、云南、福建、江西、河南、山东、河北、广东等单宁植物产区发展植物单宁加工产业。20世纪80年代，栲胶加工业发展到鼎盛时期，全国各种栲胶年总产量达到5万吨以上。20世纪90年代，没食子单宁加工业发展迅猛，在基础产品单宁酸、没食子酸产量大幅上升的同时，高附加值的深加工系列产品也层出不穷。

近10年来，我国植物单宁加工产业出现严重萎缩局面，大量生产厂家关停并转，产品产量急剧下降。目前栲胶生产企业仅剩3家，栲胶的全国年总产量仅仅为5000吨，仅为鼎盛时期的十分之一；没食子单宁加工业也出现不同程度的萎缩。造成这种局面的因素是多方面的，除了企业自身的生产经营机制和策略影响因素外，整个植物单宁加工产业面临的重大发展问题主要是生产原料严重匮乏和植物单宁深加工过程的环境污染。但近年来，栲胶产品和单宁酸产品逐渐应用于饲料添加剂，目前用于饲料添加剂的栲胶产品量已经超过了传统鞣革业的使用量。

我国单宁资源丰富，加工产品种类繁多，但目前尚无一本介绍植物单宁资源的专著。本书的出版，可谓恰逢其时。本书是著者及其所在课题组长期研究与实践的科学结晶。该书图片精美，内容丰富，可读性强，书中介绍了我国24科72种单宁植物及单宁检测结果，书后附有国内外重要单宁植物、中国单宁植物资源分布情况及我国24科72种单宁植物的单宁含量等资料，可供从事单宁化学利用研究的科技人员参考。因此，本书的出版对普及我国单宁资源及其加工利用知识，促进我国植物单宁资源开发利用，都具有积极的指导意义。

本书由张亮亮、侯学良主持撰写，参与撰写的人员有徐曼、汤丽华、黄青松、陈赤清、刘义稳、姜宗然、谢志芳、谢云波、关崇德。部分植物照片由热心同行提供，在书中进行了标注。

本书的出版得到了五峰赤诚生物科技股份有限公司、厦门昶科生物工程有限公司、河北省秦皇岛市云冠栲胶有限公司、广西扶绥胜利胶水有限责任公司的帮助，在此表示衷心的感谢。

本书的出版得到了国家重点研发计划（课题编号2022YFD1300903）的资助，在此表示感谢。

限于著者的水平，书中难免有不足之处，请读者予以指正。

著　者

2023年1月

目录

附录

「一」裸子植物

（一）松科 Pinaceae

1. 落叶松 *Larix gmelinii* Rupr.

　　落叶大乔木。叶倒披针状条形，长1.5~3厘米，宽0.7~1毫米。球果幼时紫红色，成熟时上部的种鳞张开，呈黄褐色、褐色或紫褐色，长1.2~3厘米，径1~2厘米，种鳞约14~30枚；中部种鳞五角状卵形，长1~1.5厘米，宽0.8~1.2厘米，先端截形、圆截形或微凹；苞鳞较短，长为种鳞的1/3~1/2；种子斜卵圆形，长3~4毫米，径2~3毫米，连翅长约1厘米。花期5~6月，球果9月成熟。

　　为我国东北林区的主要森林树种，分布于大兴安岭、小兴安岭海拔300~1200米地带。俄罗斯也有分布。

含单宁部分	分析结果（干基）				产地
	单宁 /%	非单宁 /%	不溶物 /%	纯度 /%	
树皮	7.64~16.09	5.56~7.74	1.78~4.78	49.67~74.32	内蒙古

2. 新疆落叶松 *Larix sibirica* Ledeb.

　　落叶大乔木。叶倒披针状条形，长2~4厘米，宽约1毫米。球果卵圆形或长卵圆形，幼时紫红色或红褐色，很少绿色，熟时褐色、淡褐色或微带紫色，长2~4厘米，径1.5~3厘米；中部种鳞三角状卵形、近卵形、菱状卵形或菱形，长1.5~1.8厘米，宽1~1.4厘米，先端圆，鳞背常密生淡紫褐色柔毛；苞鳞紫红色，近带状长卵形，长约1厘米；种子灰白色，具不规则的褐色斑纹，斜倒卵圆形，长4~5毫米，径3~4毫米，种翅中下部较宽，上部三角形，宽4~5毫米，种子连同种翅长1~1.5厘米。花期5月，球果9~10月成熟。

　　产于我国新疆阿尔泰山及天山东部。俄罗斯、蒙古国也有分布。

含单宁部分	分析结果（干基）				产地
	单宁 /%	非单宁 /%	不溶物 /%	纯度 %	
树皮	9.62	12.49	1.4	43.51	新疆

注：该种照片由中科院植物所刘冰提供。

3. 云杉 *Picea asperata* Mast.

常绿大乔木。叶枕有白粉，或白粉不明显，四棱状条形，长1~2厘米，宽1~1.5毫米。球果圆柱状矩圆形或圆柱形，上端渐窄，成熟前绿色，熟时淡褐色或栗褐色，长5~16厘米，径2.5~3.5厘米；中部种鳞倒卵形，长约2厘米，宽约1.5厘米；苞鳞三角状匙形，长约5毫米；种子倒卵圆形，长约4毫米，连翅长约1.5厘米，种翅淡褐色，倒卵状矩圆形。花期4~5月，球果9~10月成熟。

为我国特有树种，产于黑龙江、陕西西南部、甘肃东部、洮河流域、四川岷江流域上游及大小金川流域等。

含单宁部分	分析结果（干基）				产地
	单宁 /%	非单宁 /%	不溶物 /%	纯度 /%	
树皮	7.79	12.98	0.77	37.49	黑龙江

注：球果枝、种子和叶的照片由河南农业大学史志远提供。

4. 红松 *Pinus koraiensis* Sieb. & Zucc.

常绿大乔木。针叶5针一束，长6~12厘米。球果圆锥状卵圆形、圆锥状长卵圆形或卵状矩圆形，长9~14厘米，稀更长，径6~8厘米，梗长1~1.5厘米，成熟后种鳞不张开，或稍微张开而露出种子；种鳞菱形，向外反曲，鳞盾黄褐色或微带灰绿色，三角形或斜方状三角形，鳞脐不显著；种子大，无翅或顶端及上部两侧微具棱脊，倒卵状三角形，微扁，长1.2~1.6厘米，径7~10毫米。花期6月，球果第二年9~10月成熟。

产于我国东北长白山区、吉林山区及小兴安岭爱辉以南。俄罗斯、朝鲜、日本也有分布。

含单宁部分	分析结果（干基）				产地
	单宁 /%	非单宁 /%	不溶物 /%	纯度 /%	
树皮	5.44	10.44	1.69	34.26	黑龙江

5. 马尾松 *Pinus massoniana* Lamb.

常绿大乔木。针叶2针一束，稀3针一束，长12~20厘米。一年生小球果圆球形或卵圆形，径约2厘米，褐色或紫褐色。球果卵圆形或圆锥状卵圆形，长4~7厘米，径2.5~4厘米；中部种鳞近矩圆状倒卵形或近长方形，长约3厘米；鳞盾菱形，鳞脐微凹，无刺，生于干燥环境者常具极短的刺；种子长卵圆形，长4~6毫米，连翅长2~2.7厘米。花期4~5月，球果第二年10~12月成熟。

产于我国秦岭淮河以南地区。

含单宁部分	分析结果（干基）				产地
	单宁/%	非单宁/%	不溶物/%	纯度/%	
树皮	2.9	1.8	1.1	60	浙江龙泉
鲜松针	4.2	11.7	1.7	27	浙江龙泉
松针渣	5.6	18.9	1.2	22.9	浙江龙泉

（二）杉科 Taxodiaceae

6. 杉木 *Cunninghamia lanceolata* (Lamb.) Hook.

常绿大乔木。叶披针形或条状披针形，通常微弯、呈镰状，革质、坚硬，长2~6厘米，宽3~5毫米。球果卵圆形，长2.5~5厘米，径3~4厘米；熟时苞鳞革质，棕黄色，三角状卵形，长约1.7厘米，宽1.5厘米；种鳞很小，先端三裂，侧裂较大，腹面着生3粒种子；种子扁平，遮盖着种鳞，两侧边缘有窄翅，长7~8毫米，宽5毫米；子叶2枚，发芽时出土。花期4月，球果10月下旬成熟。

为我国长江流域、秦岭以南地区栽培最广、生长快、经济价值高的用材树种。越南也有分布。

含单宁部分	分析结果（干基）				产地
	单宁 /%	非单宁 /%	不溶物 /%	纯度 /%	
树皮	3.5	4.2	0.2	45	浙江龙泉
树皮	3.8	3.5	1.4	52	浙江龙泉

（三）麻黄科 Ephedraceae

7. 草麻黄 *Ephedra sinica* Stapf.

草本状灌木，高20~40厘米；木质茎短或呈匍匐状，小枝节间长2.5~5.5厘米，多为3~4厘米，径约2毫米。叶2裂，鞘占全长1/3~2/3。雄球花多呈复穗状，常具总梗，苞片通常4对，雄蕊7~8枚，花丝合生；雌球花单生，苞片4对，下部3对合生部分占1/4~1/3，最上一对合生部分达1/2以上；雌花2。雌球花成熟时肉质红色，矩圆状卵圆形或近于圆球形，长约8毫米，径6~7毫米；种子通常2粒，包于苞片内，不露出或与苞片等长，黑红色或灰褐色，三角状卵圆形或宽卵圆形，长5~6毫米，径2.5 ~ 3.5毫米，表面具细皱纹，种脐明显，半圆形。花期5~6月，种子8~9月成熟。

产于我国辽宁、吉林、内蒙古、新疆、河北、山西、河南西北部及陕西等省区。蒙古国也有分布。

含单宁部分	分析结果（干基）				产地
	单宁 /%	非单宁 /%	不溶物 /%	纯度 /%	
根部	18.95	14.52	2.26	56.62	新疆西部

注：该种照片由南京林业大学杨永和中科院植物所刘冰提供。

「二」 被子植物

（四）木麻黄科 Casuarinaceae

8. 木麻黄 *Casuarina equisetifolia* J. R. Forst.& G. Forst.

常绿乔木。枝红褐色，最末次分出的小枝灰绿色，纤细，直径0.8~0.9毫米，长10~27厘米，常柔软下垂。鳞片状叶每轮通常7枚，披针形或三角形，长1~3毫米，紧贴。花雌雄同株或异株；雄花序长1~4厘米，有覆瓦状排列、被白色柔毛的苞片；花被片2；花丝长2~2.5毫米。球果状果序椭圆形，长1.5~2.5厘米，直径1.2~1.5厘米；成熟时小苞片变木质；小坚果连翅长4~7毫米，宽2~3毫米。花期4~5月，果期7~10月。

我国广西、广东、福建、台湾沿海地区普遍栽植。原产于澳大利亚和太平洋岛屿。

含单宁部分	分析结果（干基）				产地
	单宁 /%	非单宁 /%	不溶物 /%	纯度 /%	
树皮	12.95	4.39	3.08	74.68	广东湛江
树皮	16.52	3.75	0.97	81.5	广东湛江
树皮	13.91	3.7	1.17	79.01	广东湛江
树皮	15.87	2.27	1.21	86.84	广东湛江
树皮	14.43	3.84	1.29	79.77	广东湛江

（五）杨梅科 Myricaceae

9. 杨梅 *Myrica rubra* (Lour.) Sieb.& Zucc.

常绿乔木。叶革质，生于萌发条上者长达16厘米以上，边缘中部以上具稀疏的锐锯齿；生于孕性枝上者为楔状倒卵形或长椭圆状倒卵形，长5~14厘米，宽1~4厘米，全缘或否，有稀疏的金黄色腺体；叶柄长2~10毫米。花雌雄异株。雄花序圆柱状，长1~3厘米。雄花具4~6枚雄蕊。雌花序长5~15毫米。雌花通常具4枚卵形小苞片；子房卵形，极小，柱头2，鲜红色、细长。每一雌花序仅上端1（稀2）雌花能发育成果实。核果球状，外表面具乳头状突起，径1~1.5（3）厘米，成熟时深红色或紫红色；核常为阔椭圆形或圆卵形，略呈压扁状，长1~1.5厘米，宽1~1.2厘米。4月开花，6~7月果实成熟。

产于我国江苏、浙江、台湾、福建、江西、湖南、贵州、四川、云南、广西和广东。日本、朝鲜和菲律宾也有分布。

含单宁部分	分析结果（干基）				产地
	单宁 /%	非单宁 /%	不溶物 /%	纯度 /%	
树皮	11	8.4	20.3	56.9	浙江龙泉
根皮	19.4	9.9	34.1	66.1	浙江龙泉
叶	12.6	14.4	—	47	浙江龙泉
木材	5.58	8.89	5.22	38.32	浙江龙泉

（六）胡桃科 Juglandaceae

10. 黄杞 *Engelhardia roxburghiana* Wall.

常绿乔木。偶数羽状复叶长12~25厘米，叶柄长3~8厘米，小叶3~5对，具长0.6~1.5厘米的小叶柄，叶片革质，长6~14厘米，宽2~5厘米，长椭圆状披针形至长椭圆形，侧脉10~13对。圆锥状花序，顶端为雌花序，下方为雄花序。雄花无柄或近无柄，花被片4枚，雄蕊10~12枚。雌花有长约1毫米的花柄，苞片3裂而不贴于子房，花被片4枚，子房近球形，无花柱，柱头4裂。果序长达15~25厘米。果球形，直径约4毫米；苞片的中间裂片长约为两侧裂片长的2倍，中间的裂片长3~5厘米，宽0.7~1.2厘米。5~6月开花，8~9月果实成熟。

产于我国台湾、广东、广西、浙江、湖南、贵州、四川和云南。也分布于印度、缅甸、泰国、越南。

含单宁部分	分析结果（干基）				产地
	单宁 /%	非单宁 /%	不溶物 /%	纯度 /%	
叶	4.5	18.9	1.5	19	浙江龙泉

11. 化香树 *Platycarya strobilacea* Sieb. & Zucc.

落叶小乔木。叶长约15~30厘米，具7~23枚小叶；小叶卵状披针形至长椭圆状披针形，长4~11厘米，宽1.5~3.5厘米，基部歪斜。两性花序和雄花序在小枝顶端排列成伞房状花序束。两性花序通常1条，长5~10厘米，雌花序位于下部，长1~3厘米；雄花序部分位于上部，雄花序通常3~8条，长4~10厘米。雄花：苞片阔卵形，长2~3毫米；雄蕊6~8枚。雌花：苞片卵状披针形，长2.5~3毫米；花被2，顶端与子房分离，背部具翅状的纵向隆起，与子房一同增大。果序球果状，卵状椭圆形至长椭圆状圆柱形，长2.5~5厘米，直径2~3厘米；宿存苞片木质，长7~10毫米；果实两侧具狭翅，长4~6毫米，宽3~6毫米。5~6月开花，7~8月果实成熟。

产于我国甘肃、陕西和河南的南部及山东、安徽、江苏、浙江、江西、福建、台湾、广东、广西、湖南、湖北、四川、贵州和云南。也分布于朝鲜、日本。

含单宁部分	分析结果（干基）				产地
	单宁 /%	非单宁 /%	不溶物 /%	纯度 /%	
果	31.1	8.22	3.54	79	河南栾川
果	11.85	10.49	2.19	53.01	贵州
果	22.8	7.77	1.8	74.59	安徽
鳞片	27.12	8.15	2.38	76.94	安徽
种子	20.56	9.5	2.43	68.37	安徽
果梗	8.35	7.37	1.15	53.09	安徽

12. 枫杨 *Pterocarya stenoptera* C.DC.

落叶大乔木。羽状复叶，长8~16厘米，叶柄长2~5厘米，叶轴具翅或否；小叶10~16枚，无小叶柄，长椭圆形至长椭圆状披针形，长约8~12厘米，宽2~3厘米。雄性葇荑花序长约6~10厘米。雄花常具1枚发育的花被片，雄蕊5~12枚。雌性葇荑花序顶生，长约10~15厘米，具2枚长达5毫米的不孕性苞片。雌花几乎无梗，苞片及小苞片基部常有细小的星芒状毛，并密被腺体。果序长20~45厘米。果实长椭圆形，长约6~7毫米，果翅狭，条形或阔条形，长12~20毫米，宽3~6毫米。花期4~5月，果熟期8~9月。

产于我国陕西、河南、山东、安徽、江苏、浙江、江西、福建、台湾、广东、广西、湖南、湖北、四川、贵州、云南。

含单宁部分	分析结果（干基）				产地
	单宁 /%	非单宁 /%	不溶物 /%	纯度 /%	
树皮	6.9	6.6	1.4	51.1	浙江龙泉

注：果枝由河南农业大学史志远提供。

（七）桦木科 Betulaceae

13. 白桦 *Betula platyphylla* Suk.

　　落叶大乔木；树皮灰白色，成层剥裂。叶厚纸质，三角状卵形、三角状菱形、三角形，长3~9厘米，宽2~7.5厘米，下面无毛，密生腺点，侧脉5~7(~8)对；叶柄长1~2.5厘米。果序单生，圆柱形或矩圆状圆柱形，通常下垂，长2~5厘米，直径6~14毫米；序梗长1~2.5厘米；果苞长5~7毫米，基部楔形或宽楔形，中裂片三角状卵形，顶端渐尖或钝，侧裂片卵形或近圆形，直立、斜展至向下弯。小坚果狭矩圆形、矩圆形或卵形，长1.5~3毫米，宽约1~1.5毫米，背面疏被短柔毛，膜质翅较果长1/3，与果等宽或较果稍宽。

　　产于我国河南、陕西、宁夏、甘肃、青海、四川、云南、广西、西藏东南部等地。俄罗斯、蒙古国、朝鲜、日本也有分布。

含单宁部分	分析结果（干基）				产地
	单宁 /%	非单宁 /%	不溶物 /%	纯度 /%	
树皮	15.86	7.66	2.27	66.91	广西

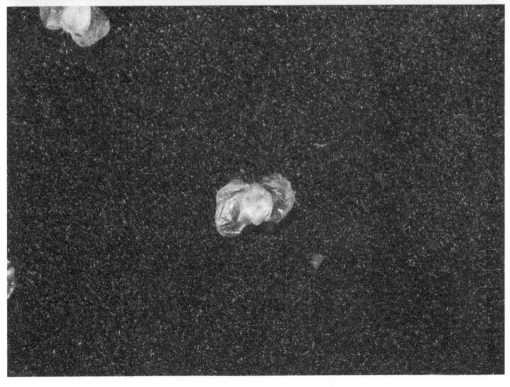

（八）壳斗科 Fagaceae

14. 锥栗 *Castanea henryi* (Skan) Rehd. & E. H. Wils.

常绿乔木。叶长圆形或披针形，长10~23厘米，宽3~7厘米，叶缘的裂齿有长2~4毫米的线状长尖，叶背无毛；开花期的叶柄长1~1.5厘米，结果时延长至2.5厘米。雄花序长5~16厘米，花簇有花1~3(~5)朵；每壳斗有雌花1朵（偶有2朵或3朵），仅1花（稀2或3）发育结实，花柱无毛，稀在下部有疏毛。成熟壳斗近圆球形，连刺径2.5~4.5厘米，刺或密或稍疏生，长4~10毫米；坚果长12~15毫米，宽10~15毫米，顶部有伏毛。花期5~7月，果期9~10月。

广布于我国秦岭南坡以南、五岭以北各地。

含单宁部分	分析结果（干基）				产地
	单宁 /%	非单宁 /%	不溶物 /%	纯度 /%	
树皮	5.1	5.8	0.2	46.5	浙江龙泉
壳斗	6.6	5	—	57	安徽绩溪

15. 栗 *Castanea mollissima* Bl.

落叶乔木。叶椭圆至长圆形，长11~17厘米，常一侧偏斜，叶背被星芒状伏贴绒毛；叶柄长1~2厘米。雄花序长10~20厘米；花3~5朵聚生成簇。雌花1~3(~5)朵发育结实，花柱下部被毛。成熟壳斗的锐刺有长有短，有疏有密，密时全遮蔽壳斗外壁，疏时则外壁可见，壳斗连刺径4.5~6.5厘米；坚果高1.5~3厘米，宽1.8~3.5厘米。花期4~6月，果期8~10月。

除我国青海、宁夏、新疆、海南等少数省区外，广布南北各地。

含单宁部分	分析结果（干基）				产地
	单宁 /%	非单宁 /%	不溶物 /%	纯度 /%	
总苞	3.7	2.9	0.9	56	浙江龙泉

注：雄花由河南农业大学史志远提供。

16. 茅栗 *Castanea seguinii* Dode

常绿小乔木。叶倒卵状椭圆形或兼有长圆形，长6~14厘米，宽4~5厘米，叶背有黄或灰白色鳞腺；叶柄长5~15毫米。雄花序长5~12厘米，雄花簇有花3~5朵；每壳斗有雌花3~5朵，通常1~3朵发育结实，花柱9枚或6枚，无毛；壳斗外壁密生锐刺，成熟壳斗连刺径3～5厘米，宽略过于高，刺长6~10毫米；坚果长15~20毫米，宽20~25毫米，无毛或顶部有疏伏毛。花期5~7月，果期9~11月。

广布于我国大别山以南、五岭南坡以北各地。

含单宁部分	分析结果（干基）				产地
	单宁 /%	非单宁 /%	不溶物 /%	纯度 /%	
壳斗	9.4	4.3	—	68.6	安徽绩溪

17. 华南锥 *Castanopsis concinna* (Champ. ex Benth.)A. DC.

常绿乔木。叶革质，椭圆形或长圆形，长5~10厘米，宽1.5~3.5厘米，侧脉每边12~16条，叶背密被粉末状红棕色或棕黄色易刮落的鳞秕；叶柄长4~12毫米。雄穗状花序通常单穗腋生，或为圆锥花序，雄蕊10~12枚；雌花序长5~10厘米，花柱3枚或4枚。果序长4~8厘米；壳斗有1坚果，壳斗圆球形，连刺径50~60毫米，整齐的4瓣开裂，刺长10~20毫米，下部合生成刺束，将壳壁完全遮蔽；坚果扁圆锥形，高约10毫米，横径约14毫米，密被短伏毛，果脐约占坚果面积的1/3或不到一半。花期4~5月，果次年9~10月成熟。

产于我国浙江、安徽、广东珠江三角洲以西南至广西岑溪、防城一带等，沿海岛屿只见于香港。

含单宁部分	分析结果（干基）				产地
	单宁 /%	非单宁 /%	不溶物 /%	纯度 /%	
树皮	5.1	5.8	0.2	46.5	浙江龙泉
壳斗	6.6	5	—	57	安徽绩溪

注：本种照片由华南植物园袁帅提供。

18. 甜槠 *Castanopsis eyrei* (Champ. ex Benth.) Tutcher

常绿乔木。叶革质，卵形、披针形或长椭圆形，长5~13厘米，宽1.5~5.5厘米，侧脉每边8~11条，二年生叶的叶背常带淡薄的银灰色；叶柄长7~10毫米。雄花序穗状或圆锥花序；雌花的花柱3枚或2枚。壳斗有1坚果，阔卵形，连刺径长20~30毫米，2~4瓣开裂，壳壁厚约1毫米，刺长6~10毫米，壳斗顶部的刺密集而较短，通常完全遮蔽壳斗外壁，刺及壳壁被灰白色或灰黄色微柔毛，若壳斗近圆球形，则刺较疏少，近轴面无刺；坚果阔圆锥形，顶部锥尖，宽10~14毫米，无毛，果脐位于坚果的底部。花期4~6月，果次年9~11月成熟。

产于我国长江以南各地。

含单宁部分	分析结果（干基）				产地
	单宁 /%	非单宁 /%	不溶物 /%	纯度 /%	
树皮	4.1	2.4	—	63	浙江龙泉

19. 栲 *Castanopsis fargesii* Franch.

常绿乔木，芽鳞、嫩枝顶部及嫩叶叶柄均被与叶背相同但较早脱落的红锈色细片状蜡鳞，枝、叶均无毛。叶长椭圆形或披针形，稀卵形，长7~15厘米，宽2~5厘米，侧脉每边11~15条；叶柄长1~2厘米。雄花穗状或圆锥花序，雄蕊10枚；雌花单朵散生于长有时达30厘米的花序轴上。壳斗通常圆球形或宽卵形，连刺径25~30毫米，稀更大，不规则瓣裂，壳壁厚约1毫米，刺长8~10毫米，基部合生或很少合生至中部成刺束，每壳斗有1坚果；坚果圆锥形，高略过于宽，高1~1.5厘米，横径8~12毫米，或近于圆球形，径8~14毫米。花期4~6月，也有8~10月开花的，果次年同期成熟。

产于我国长江以南各地，西南至云南东南部，西至四川西部。

含单宁部分	分析结果（干基）				产地
	单宁 /%	非单宁 /%	不溶物 /%	纯度 /%	
树皮	6	7.9	1.5	42.5	浙江龙泉

20. 毛锥 *Castanopsis fordii* Hance

乔木，芽鳞、一年生枝、叶柄、叶背及花序轴均密被棕色或红褐色稍粗糙的长绒毛。叶革质，长椭圆形或长圆形，或兼有倒披针状长椭圆形，长9~18厘米，宽3~6厘米，侧脉每边14~18条；叶柄粗而短，长2~5毫米。雄穗状花序常多穗排成圆锥花序，雄蕊12枚；雌花的花被裂片密被毛，花柱3枚。果序长6~12厘米；每壳斗有坚果1个，连刺径50~60毫米，整齐的4瓣开裂，很少兼有5瓣开裂，刺长10~20毫米，在下部合生成多束，被短柔毛，壳壁厚3~4毫米，外壁为密刺完全遮蔽；坚果扁圆锥形，高12~15毫米，横径15~20毫米，密被伏毛，果脐占坚果面积约1/3。花期3~4月，果次年9~10月成熟。

产于我国浙江、江西、福建、湖南四省南部以及广东、广西东南部。

含单宁部分	分析结果（干基）				产地
	单宁 /%	非单宁 /%	不溶物 /%	纯度 /%	
树皮	18.1	9.8	—	64.7	福建将乐

21. 红锥 *Castanopsis hystrix* Miq.

常绿乔木。叶纸质或薄革质，披针形，长4~9厘米，宽1.5~4厘米，侧脉每边9~15条，叶背面被红棕色或棕黄色细片状蜡鳞层；叶柄长很少达1厘米。雄花序为圆锥花序或穗状花序；花柱3枚或2枚，柱头增宽而平展。果序长达15厘米；壳斗有坚果1个，连刺径25~40毫米，整齐的4瓣开裂，刺长6~10毫米，数条在基部合生成刺束，间有单生，将壳壁完全遮蔽；坚果宽圆锥形，高10~15毫米，横径8~13毫米，无毛，果脐位于坚果底部。花期4~6月，果翌年8~11月成熟。

产于我国福建东南部、湖南西南部、广东、海南、广西、贵州及云南南部、西藏东南部。越南、老挝、柬埔寨、缅甸、印度等也有分布。

含单宁部分	分析结果（干基）				产地
	单宁 /%	非单宁 /%	不溶物 /%	纯度 /%	
树皮	18.63	10.33	2.05	64.35	福建将乐

22. 苦槠 *Castanopsis sclerophylla* (Lindl.) Schottky

常绿乔木。叶二列，叶片革质，长椭圆形、卵状椭圆形或兼有倒卵状椭圆形，长7~15厘米，宽3~6厘米，通常一侧略短且偏斜，叶缘在中部以上有锯齿状锐齿；叶柄长1.5~2.5厘米。雄穗状花序通常单穗腋生，雄蕊12~10枚；雌花序长达15厘米。果序长8~15厘米，壳斗有坚果1个，偶有2~3个，圆球形或半圆球形，全包或包着坚果的大部分，径12~15毫米，壳壁厚1毫米以内，不规则瓣状爆裂，小苞片鳞片状，大部分退化并横向连生成脊肋状圆环，或仅基部连生，呈环带状突起；坚果近圆球形，径10~14毫米，果脐位于坚果的底部，宽7~9毫米。花期4~5月，果当年10~11月成熟。

产于我国长江以南五岭以北各地，西南地区仅见于四川东部及贵州东北部。

含单宁部分	分析结果（干基）				产地
	单宁 /%	非单宁 /%	不溶物 /%	纯度 /%	
树皮	1.6	1.2	0.4	57	浙江龙泉

23. 钩锥 *Castanopsis tibetana* Hance

常绿乔木。叶革质，卵状椭圆形、卵形、长椭圆形或倒卵状椭圆形，长15~30厘米，宽5~10厘米，侧脉每边15~18条；叶柄长1.5~3厘米。雄穗状花序或圆锥花序，雄蕊通常10枚；雌花序长5~25厘米，花柱3枚；壳斗有坚果1个，圆球形，连刺径60~80毫米或稍大，整齐的4瓣开裂，很少5瓣开裂，壳壁厚3~4毫米，刺长15~25毫米，通常在基部合生成刺束，将壳壁完全遮蔽，刺几无毛或被稀疏微柔毛；坚果扁圆锥形，高1.5~1.8厘米，横径2~2.8厘米，被毛，果脐占坚果面积约1/4。花期4~5月，果次年8~10月成熟。

产于我国浙江与安徽二省南部、湖北西南部、江西、福建、湖南、广东、广西、贵州、云南东南部。

含单宁部分	分析结果（干基）				产地
	单宁 /%	非单宁 /%	不溶物 /%	纯度 /%	
木材	12.02	3.03	3.29	79.89	福建将乐

24. 青冈 *Cyclobalanopsis glauca* (Thunb.) Oerst.

常绿乔木。叶片革质，倒卵状椭圆形或长椭圆形，长6~13厘米，宽2~5.5厘米，侧脉每边9~13条，叶背常有白色鳞秕；叶柄长1~3厘米。雄花序长5~6厘米。果序长1.5~3厘米，着生果2~3个。壳斗碗形，包着坚果1/3~1/2，直径0.9~1.4厘米，高0.6~0.8厘米，被薄毛；小苞片合生成5~6条同心环带，环带全缘或有细缺刻，排列紧密。坚果卵形、长卵形或椭圆形，直径0.9~1.4厘米，高1~1.6厘米，无毛或被薄毛，果脐平坦或微突起。花期4~5月，果期10月。

产于我国陕西、甘肃、江苏、安徽、浙江、江西、福建、台湾、河南、湖北、湖南、广东、广西、四川、贵州、云南、西藏等省区。

含单宁部分	分析结果（干基）				产地
	单宁 /%	非单宁 /%	不溶物 /%	纯度 /%	
树皮	16	17.8	3.3	47.3	安徽绩溪

25. 麻栎 *Quercus acutissima* Carruth.

落叶乔木。叶片通常为长椭圆状披针形，长8~19厘米，宽2~6厘米，老时无毛或叶背面脉上有柔毛，侧脉每边13~18条；叶柄长1~5厘米。壳斗杯形，包着坚果约1/2，连小苞片直径2~4厘米，高约1.5厘米；小苞片钻形或扁条形，向外反曲，被灰白色绒毛。坚果卵形或椭圆形，直径1.5~2厘米，高1.7~2.2厘米，顶端圆形，果脐突起。花期3~4月，果期翌年9~10月。

产于我国辽宁、河北、陕西、山西、山东、江苏、安徽、浙江、江西、福建、河南、湖北、湖南、广东、海南、广西、四川、贵州、云南等省区。朝鲜、日本、越南、印度也有分布。

含单宁部分	分析结果（干基）				产地
	单宁 /%	非单宁 /%	不溶物 /%	纯度 /%	
壳斗	29.21	14.49	—	66.3	河南济源
壳斗	21.47	9.07	—	70.3	河南济源
壳斗	29.12	9.76	—	74.9	河南济源
壳斗	28.84	11.13	—	72.2	河南济源
壳斗	24.07	8.64	—	73.7	河南济源
壳斗	31.39	14.44	—	65.5	河南济源
壳斗	32.6	17.11	1.99	65.58	河南济源
壳斗	21.6	12.6	—	63	安徽绩溪
壳斗	25.32	14.81	1.38	63.35	湖南
壳斗	28.64	14.55	1.96	66.31	陕西石泉
树叶	5.6	10.7	7	34.4	浙江龙泉
枝叶	6.9	7.3	1.1	48.2	浙江龙泉

麻栎

壳斗科

麻 栎

Quercus acutissima

全国广布

观叶、观果、庭院栽培

26. 槲栎 *Quercus aliena* Bl.

落叶乔木。叶片长椭圆状倒卵形至倒卵形，长10~30厘米，宽5~16厘米，侧脉每边10~15条，叶面中脉侧脉不凹陷；叶柄长1~1.3厘米，无毛。雄花序长4~8厘米，花被6裂，雄蕊通常10枚；雌花序单生或2~3朵簇生。壳斗杯形，包着坚果约1/2，直径1.2~2厘米，高1~1.5厘米；小苞片卵状披针形，长约2毫米，排列紧密，被灰白色短柔毛。坚果椭圆形至卵形，直径1.3~1.8厘米，高1.7~2.5厘米，果脐微突起。花期（3）4~5月，果期9~10月。

产于我国陕西、山西、山东、江苏、安徽、浙江、江西、河南、湖北、湖南、广东、广西、四川、贵州、云南。

含单宁部分	分析结果（干基）				产地
	单宁 /%	非单宁 /%	不溶物 /%	纯度 /%	
壳斗	9.64	4	—	71.2	山西中条山
壳斗	2.15	7.12	0.76	23.15	贵州

注：雄花序由河南农业大学史志远提供。

27. 小叶栎 *Quercus chenii* Nakai

落叶乔木。叶片宽披针形至卵状披针形，长7~12厘米，宽2~3.5厘米，侧脉每边12~16条；叶柄长0.5~1.5厘米。雄花序长4厘米。壳斗杯形，包着坚果约1/3，径约1.5厘米，高约0.8厘米。壳斗上部的小苞片线形，长约5毫米，直伸或反曲；中部以下的小苞片为长三角形，长约3毫米，紧贴壳斗壁，被细柔毛。坚果椭圆形，直径1.3~1.5厘米，高1.5~2.5厘米，顶端有微毛；果脐微突起，径约5毫米。花期3~4月，果期翌年9~10月。

产于我国江苏、安徽、浙江、江西、福建、河南、湖北、四川等省。

含单宁部分	分析结果（干基）				产地
	单宁 /%	非单宁 /%	不溶物 /%	纯度 /%	
树皮	3.4	2	1.3	63	浙江龙泉
壳斗	14.4	6.1	—	70	安徽绩溪

28. 槲树 *Quercus dentata* Thunb.

落叶乔木。叶片倒卵形或长倒卵形，长10~30厘米，宽6~20厘米，叶背面密被灰褐色星状绒毛，侧脉每边4~10条；叶柄长2~5毫米，密被棕色绒毛。壳斗杯形，包着坚果1/2~1/3，连小苞片直径2~5厘米，高0.2~2厘米；小苞片革质，窄披针形，长约1厘米，反曲或直立，红棕色，外面被褐色丝状毛，内面无毛。坚果卵形至宽卵形，直径1.2~1.5厘米，高1.5~2.3厘米，无毛，有宿存花柱。花期4~5月，果期9~10月。

产于我国黑龙江、吉林、辽宁、河北、山西、陕西、甘肃、山东、江苏、安徽、浙江、台湾、河南、湖北、湖南、四川、贵州、云南等省。朝鲜、日本也有分布。

含单宁部分	分析结果（干基）				产地
	单宁 /%	非单宁 /%	不溶物 /%	纯度 /%	
壳斗	9.64	4	—	71.2	山西中条山
壳斗	2.15	7.12	0.76	23.15	贵州

29. 巴东栎 *Quercus engleriana* Seemen

常绿或半常绿乔木。叶片椭圆形、卵形、卵状披针形，长6~16厘米，宽2.5~5.5厘米，侧脉每边10~13条；叶柄长1~2厘米。雄花序生于新枝基部，长约7厘米，花序轴被绒毛，雄蕊4~6枚；雌花序生于新枝上端叶腋，长1~3厘米。壳斗碗形，包着坚果1/3~1/2，直径0.8~1.2厘米，高4~7毫米；小苞片卵状披针形，长约1毫米，中下部被灰褐色柔毛，顶端紫红色，无毛。坚果长卵形，直径0.6~1厘米，高1~2厘米，无毛，柱座长2~3毫米，果脐突起，直径3~5毫米。花期4~5月，果期11月。

产于我国陕西、江西、福建、河南、湖北、湖南、广西、四川、贵州、云南、西藏等省区。

含单宁部分	分析结果（干基）				产地
	单宁/%	非单宁/%	不溶物/%	纯度/%	
树皮	18.63	10.33	2.05	64.35	福建将乐

30. 白栎 *Quercus fabri* Hance

落叶乔木。叶片倒卵形、椭圆状倒卵形，长7~15厘米，宽3~8厘米，侧脉每边8~12条；叶柄长3~5毫米。雄花序长6~9厘米；雌花序长1~4厘米；生2~4朵花。壳斗杯形，包着坚果约1/3，直径0.8~1.1厘米，高4~8毫米；小苞片卵状披针形，排列紧密，在口缘处稍伸出。坚果长椭圆形或卵状长椭圆形，直径0.7~1.2厘米，高1.7~2厘米，无毛，果脐突起。花期4月，果期10月。

产于我国陕西、江苏、安徽、浙江、江西、福建、河南、湖北、湖南、广东、广西、四川、贵州、云南等省区。

含单宁部分	分析结果（干基）				产地
	单宁/%	非单宁/%	不溶物/%	纯度/%	
枝叶	7.8	3.5	1.2	45	浙江龙泉

31. 蒙古栎 *Quercus mongolica* Fisch. ex Ledeb.

落叶乔木。叶片倒卵形至长倒卵形，长7~19厘米，宽3~11厘米，叶缘7~10对钝齿或粗齿，侧脉每边7~11条；叶柄长2~8毫米，无毛。雄花序长5~7厘米；雌花序长约1厘米；有花4~5朵。壳斗杯形，包着坚果1/3~1/2，直径1.5~1.8厘米；高0.8~1.5厘米，壳斗外壁小苞片三角状卵形，呈半球形瘤状突起，密被灰白色短绒毛，伸出口部边缘呈流苏状。坚果卵形至长卵形，直径1.3~1.8厘米，高2~2.3厘米，果脐微突起。花期4~5月，果期9月。

产于我国黑龙江、吉林、辽宁、内蒙古、河北、河南、山东、浙江等省区。俄罗斯、朝鲜、日本也有分布。

含单宁部分	分析结果（干基）				产地
	单宁 /%	非单宁 /%	不溶物 /%	纯度 /%	
壳斗	9.6	5.6	—	64.4	河南济源
壳斗	6.7	7.3	2	48.8	浙江龙泉

32. 乌冈栎 *Quercus phillyraeoides* A. Gray

常绿小乔木。叶片革质，倒卵形或窄椭圆形，长2~6（~8）厘米，宽1.5~3厘米，侧脉每边8~13条；叶柄长3~5毫米。雄花序长2.5~4厘米；雌花序长1~4厘米，花柱长1.5毫米，柱头2~5裂。壳斗杯形，包着坚果1/2~2/3，直径1~1.2厘米，高6~8毫米；小苞片三角形，长约1毫米，覆瓦状排列紧密，除顶端外被灰白色柔毛。果长椭圆形，高1.5~1.8厘米，径约8毫米，果脐平坦或微突起，直径3~4毫米。花期3~4月，果期9~10月。

产于我国陕西、浙江、江西、安徽、福建、河南、湖北、湖南、广东、广西、四川、贵州、云南等省区。日本也有分布。

含单宁部分	分析结果（干基）				产地
	单宁 /%	非单宁 /%	不溶物 /%	纯度 /%	
树皮	9.1	5.4	2.3	63.1	安徽绩溪

33. 栓皮栎 *Quercus variabilis* Bl.

落叶乔木。树皮黑褐色，深纵裂，木栓层发达。叶片卵状披针形或长椭圆形，长8~15（~20）厘米，宽2~6（~8）厘米；叶柄长1~3（~5）厘米。雄花序长达14厘米；雌花花柱3。壳斗杯形，包着坚果2/3，连小苞片直径2.5~4厘米，高约1.5厘米；小苞片钻形，反曲，被短毛。坚果近球形或宽卵形，高、径均约1.5厘米，顶端圆，果脐突起。花期3~4月，果期翌年9~10月。

产于我国辽宁、河北、山西、陕西、甘肃、山东、江苏、安徽、浙江、江西、福建、台湾、河南、湖北、湖南、广东、广西、四川、贵州、云南等省区。

含单宁部分	分析结果（干基）				产地
	单宁 /%	非单宁 /%	不溶物 /%	纯度 /%	
壳斗	26.06	15.31	—	62.7	河南济源
壳斗	25.56	10.32	—	29.2	河南济源
壳斗	23.47	16.62	2.06	58.63	贵州
壳斗	29.8	11.8	—	73	安徽绩溪

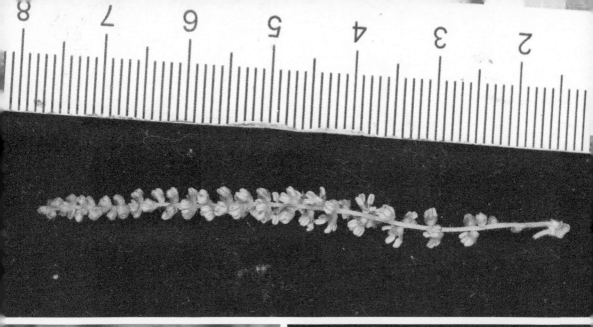

注：雄花序由河南农业大学史志远提供。

（九）蓼科 Polygonaceae

34. 拳参 *Polygonum bistorta* L.

多年生草本。根状茎肥厚，直径1~3厘米。茎直立，高50~90厘米。基生叶宽披针形或狭卵形，纸质，长4~18厘米，宽2~5厘米；叶柄长10~20厘米；茎生叶披针形或线形，无柄；托叶筒状，膜质，下部绿色，上部褐色，顶端偏斜，开裂至中部，无缘毛。总状花序呈穗状，长4~9厘米，直径0.8~1.2厘米；苞片卵形，中脉明显，每苞片内含3~4朵花；花梗细弱，开展，长5~7毫米；花被5深裂，白色或淡红色，花被片椭圆形，长2~3毫米；雄蕊8毫米，花柱3毫米，柱头头状。瘦果椭圆形，长约3.5毫米。花期6~7月，果期8~9月。

产于我国陕西、宁夏、甘肃、山东、河南、江苏、浙江、江西、湖南、湖北、安徽、新疆等地。日本、蒙古、哈萨克斯坦、俄罗斯及欧洲也有分布。

含单宁部分	分析结果（干基）				产地
	单宁 /%	非单宁 /%	不溶物 /%	纯度 /%	
根部	12.11	17.75	3.88	40.56	新疆西部

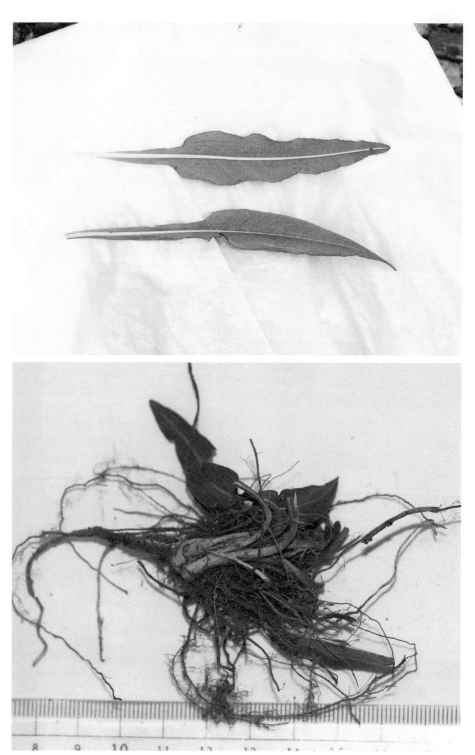

注：叶和根由江西农业大学李波提供，花、花序和生境由中科院植物所刘冰提供。

35. 矮大黄 *Rheum nanum* Siev. ex Pall.

矮小粗壮草本，高20~35厘米；根长圆柱状，直径2~4厘米。基生叶2~4片，叶片革质，肾状圆形或近圆形，长6~14厘米，宽8~16厘米，叶脉掌状，基出脉3~5条，叶上面具白色疣状突起；叶柄长2~4.5厘米。圆锥花序，花梗长1.5~3毫米；花被片黄白色，常具紫红色渲染，外轮3片长2~2.5毫米，宽约1毫米，内轮3片长约3.5毫米，宽2.5~3毫米；花盘环状；雄蕊9枚，子房菱状椭圆形，花柱较粗而反曲，柱头膨大。果实肾状圆形，长10~12毫米，宽12~14毫米，红色。种子卵形，宽约5毫米；宿存花被明显增大，几全遮盖着种子。花期5~6月，果期7~9月。

产于我国甘肃、内蒙古及新疆等地。俄罗斯、哈萨克斯坦、蒙古也有分布。

含单宁部分	分析结果（干基）				产地
	单宁 /%	非单宁 /%	不溶物 /%	纯度 /%	
根部	11.31	28.73	1.39	28.24	新疆西部

注：该种照片由中科院植物所刘冰提供。

36. 酸模 *Rumex acetosa* L.

多年生草本。茎直立，高40~100厘米。基生叶和茎下部叶箭形，长3~12厘米，宽2~4厘米；叶柄长2~10厘米；茎上部叶较小，具短叶柄或无柄；托叶鞘膜质，易破裂。花序狭圆锥状，顶生，分枝稀疏；花单性，雌雄异株；花梗中部具关节；花被片6，成2轮，雄花内花被片椭圆形，长约3毫米，外花被片较小，雄蕊6枚；雌花内花被片果时增大，近圆形，直径3.5~4毫米，全缘，基部心形，基部具极小的小瘤，外花被片椭圆形，反折。瘦果椭圆形，具3锐棱，长约2毫米，黑褐色。花期5~7月，果期6~8月。

产于我国各省区。朝鲜、日本、哈萨克斯坦、俄罗斯等也有分布。

含单宁部分	分析结果（干基）				产地
	单宁/%	非单宁/%	不溶物/%	纯度/%	
根部	15.77	6.79	0.5	69.9	河北围场

注：根照片由信阳师范学院朱鑫鑫提供。

（十）山茶科 Theaceae

37. 油茶 *Camellia oleifera* Abel

常绿小乔木。叶革质，椭圆形、长圆形或倒卵形，长5~7厘米，宽2~4厘米；叶柄长4~8毫米。花顶生，苞片与萼片约10片，由外向内逐渐增大，阔卵形，长3~12毫米，花瓣白色，5~7片，倒卵形，长2.5~3厘米，宽1~2厘米，先端凹入或2裂；雄蕊长1~1.5厘米，外侧雄蕊仅基部略连生，偶有花丝管长达7毫米的；子房有黄长毛，3~5室，花柱长约1厘米，先端不同程度3裂。蒴果球形或卵圆形，直径2~4厘米，3室或1室，3瓣或2瓣裂开，每室有种子1粒或2粒。花期冬春间。

我国长江流域到华南各地广泛栽培。

含单宁部分	分析结果（干基）				产地
	单宁 /%	非单宁 /%	不溶物 /%	纯度 /%	
茶蒲	8.6	16.7	1.2	34.1	浙江龙泉
树皮	4.5	14.5	0.7	23.6	浙江龙泉
叶	1	20.6	3.3	4.8	浙江龙泉
木材	33.92	8.07	1.52	19.22	浙江龙泉

38. 木荷 *Schima superba* Gardner & Champ.

大乔木。叶革质或薄革质，椭圆形，长7~12厘米，宽4~6.5厘米，侧脉7~9对；叶柄长1~2厘米。花生于枝顶叶腋，常多朵排成总状花序，直径3厘米，白色，花柄长1~2.5厘米，纤细，无毛；苞片2，贴近萼片，长4~6毫米，早落；萼片半圆形，长2~3毫米，外面无毛，内面有绢毛；花瓣长1~1.5厘米，最外1片风帽状，边缘多少有毛；子房有毛。蒴果直径1.5~2厘米。花期6~8月。

产于我国浙江、福建、台湾、江西、湖南、广东、海南、广西、贵州。

含单宁部分	分析结果（干基）				产地
	单宁 /%	非单宁 /%	不溶物 /%	纯度 /%	
树皮	6.1	11.4	5	34.3	浙江龙泉

39. 日本厚皮香 *Ternstroemia japonica* (Thunb.) Thunb.

常绿灌木或乔木。叶互生，革质，常聚生于枝端，呈假轮生状，椭圆形、椭圆状倒卵形或阔椭圆形，长5~7厘米，宽2.2~3厘米，侧脉4~6对；叶柄长5~10毫米。花直径1~1.5厘米，花梗长1~1.5厘米；小苞片2，三角状卵形，长约1.5毫米；萼片5，卵圆形或近圆形，长约3毫米，宽约3~3.5毫米；花瓣5，白色，阔倒卵形，长4.5~5毫米，宽5 ~ 5.5毫米；雄蕊40~45枚，长约4.5毫米，花药长圆形，长2.5~3毫米；子房椭圆状卵形，2室，胚珠每室2~3个，花柱1枚，柱头2浅裂，头状。果椭圆形，长1.2~1.5厘米，直径约1厘米，果梗长1.5~1.8厘米，小苞片宿存，长宽各3~4毫米；种子长圆肾形，长约5毫米，直径约3毫米，成熟时肉质假种皮鲜红色。花期6~7月，果期10~11月。

产于我国台湾省，浙江、江苏及江西等地有栽培。日本也有分布。

含单宁部分	分析结果（干基）				产地
	单宁 /%	非单宁 /%	不溶物 /%	纯度 /%	
树皮	6.5	10.3	0.3	37	浙江

（十一）木兰科 Magnoliaceae

40. 厚朴 *Magnolia officinalis* Rehder & E. H. Wilson

落叶乔木。叶近革质，7~9片聚生于枝端，长圆状倒卵形，长22~45厘米，宽10~24厘米；叶柄粗壮，长2.5~4厘米。花白色，径10~15厘米，芳香；花被片9~12(17)，厚肉质，外轮3片淡绿色，长圆状倒卵形，长8~10厘米，宽4~5厘米，内2轮白色，倒卵状匙形，长8~8.5厘米，宽3~4.5厘米，基部具爪；雄蕊约72枚，长2~3厘米，花药长1.2~1.5厘米，花丝长4~12毫米，红色；雌蕊群椭圆状卵圆形，长2.5~3厘米。聚合果长圆状卵圆形，长9~15厘米；蓇葖具长3~4毫米的喙；种子三角状倒卵形，长约1厘米。花期5~6月，果期8~10月。

产于我国陕西、甘肃、河南、浙江、湖北、湖南、四川、贵州、广西、江西等地。

含单宁部分	分析结果（干基）				产地
	单宁 /%	非单宁 /%	不溶物 /%	纯度 /%	
树皮	1.7	20	2	8	浙江龙泉

（十二）金缕梅科 Hamamelidaceae

41. 蚊母树 *Distylium racemosum* Sieb. & Zucc.

　　常绿乔木，嫩枝有鳞垢。叶革质，椭圆形或倒卵状椭圆形，长3~7厘米，宽1.5~3.5厘米，侧脉5~6对；叶柄长5~10毫米。总状花序长约2厘米，花序轴无毛，总苞2~3片；苞片披针形，长3毫米，花雌雄同在一个花序上，雌花位于花序的顶端；萼筒短，萼齿大小不相等，被鳞垢；雄蕊5~6个，花丝长约2毫米，花药长3.5毫米，红色；子房有星状绒毛，花柱长6~7毫米。蒴果卵圆形，长1~1.3厘米，先端尖，外面有褐色星状绒毛，上半部两片裂开，每片2浅裂，不具宿存萼筒，果梗短，长不及2毫米。种子卵圆形，长4~5毫米，种脐白色。

　　分布于我国福建、浙江、台湾、广东、海南。朝鲜及日本也有分布。

含单宁部分	分析结果（干基）				产地
	单宁 /%	非单宁 /%	不溶物 /%	纯度 /%	
树皮	6.62	5.52	1.42	54.53	福建将乐

42. 枫香树 *Liquidambar formosana* Hance

落叶大乔木。叶薄革质，阔卵形，掌状3裂，掌状脉3~5条；叶柄长达11厘米。雄性短穗状花序常多个排成总状，雄蕊多数，花丝不等长，花药比花丝略短。雌性头状花序有花24~43朵，花序柄长3~6厘米，偶有皮孔，无腺体；萼齿4~7个，针形，长4~8毫米，子房下半部藏在头状花序轴内，上半部游离，花柱长6~10毫米，先端常卷曲。头状果序圆球形，木质，直径3~4厘米；蒴果下半部藏于花序轴内，有宿存花柱及针刺状萼齿。种子多数，褐色，多角形或有窄翅。

产于我国秦岭及淮河以南各省。越南北部、老挝及朝鲜南部有分布。

含单宁部分	分析结果（干基）				产地
	单宁 /%	非单宁 /%	不溶物 /%	纯度 /%	
树叶	13.5	15.9	4.6	45.9	浙江龙泉
树皮	2.2	12.1	3.3	15.3	浙江龙泉

43. 檵木 *Loropetalum chinense* (R. Br.) Oliv.

　　落叶灌木或小乔木。叶革质，卵形，长2~5厘米，宽1.5~2.5厘米，下面被星毛，侧脉约5对；叶柄长2~5毫米。花3~8朵簇生，有短花梗，白色，比新叶先开放，或与嫩叶同时开放，花序柄长约1厘米，被毛；萼筒杯状，被星毛，萼齿卵形，长约2毫米；花瓣4片，带状，长1~2厘米，先端圆或钝；雄蕊4个，花丝极短；退化雄蕊4个，鳞片状，与雄蕊互生；子房完全下位，被星毛；花柱极短，长约1毫米。蒴果卵圆形，长7~8毫米，宽6~7毫米，先端圆，被褐色星状绒毛，萼筒长为蒴果的2/3。种子圆卵形，长4~5毫米，黑色，发亮。花期3~4月。

　　分布于我国中部、南部及西南各省。日本及印度也有分布。

含单宁部分	分析结果（干基）				产地
	单宁 /%	非单宁 /%	不溶物 /%	纯度 /%	
枝叶	5.7	13.7	0.8	29.3	浙江龙泉

（十三）蔷薇科 Rosaceae

44. 小果蔷薇 *Rosa cymosa* Tratt.

常绿攀援灌木；小枝有钩状皮刺。小叶3~5片，稀7片，连叶柄长5~10厘米；小叶片卵状披针形或椭圆形，稀长圆披针形，长2.5~6厘米，宽8~25毫米；小叶柄和叶轴无毛或有柔毛，有稀疏皮刺和腺毛；托叶膜质，离生，线形，早落。花多朵成复伞房花序；花直径2~2.5厘米，花梗长约1.5厘米；萼片卵形，先端渐尖，常有羽状裂片，稀有刺毛；花瓣白色，倒卵形，先端凹，基部楔形；花柱离生，稍伸出花托口外，与雄蕊近等长，密被白色柔毛。果球形，直径4~7毫米，红色至黑褐色，萼片脱落。花期5~6月，果期7~11月。

产于我国江西、江苏、浙江、安徽、湖南、四川、云南、贵州、福建、广东、广西、台湾等省区。

含单宁部分	分析结果（干基）				产地
	单宁 /%	非单宁 /%	不溶物 /%	纯度 /%	
根皮	23.33	10.1	11.37	69.59	湖南

注：果解剖照片由河南农业大学史志远提供。

45. 金樱子 *Rosa laevigata* Michx.

常绿攀援灌木；小枝散生扁弯皮刺。小叶革质，通常3片，稀5片，连叶柄长5~10厘米；小叶片椭圆状卵形、倒卵形或披针状卵形，长2~6厘米，宽1.2~3.5厘米；小叶柄和叶轴有皮刺和腺毛；托叶离生或基部与叶柄合生，披针形，边缘有细齿，齿尖有腺体，早落。花单生于叶腋，直径5~7厘米；花梗长1.8~2.5厘米，花梗和萼筒密被腺毛，随果实成长变为针刺；萼片卵状披针形，常有刺毛和腺毛；花瓣白色，宽倒卵形，先端微凹；雄蕊多数；心皮多数。果梨形、倒卵形，稀近球形，外面密被刺毛，果梗长约3厘米，萼片宿存。花期4~6月，果期7~11月。

产于我国陕西、安徽、江西、江苏、浙江、湖北、湖南、广东、广西、台湾、福建、四川、云南、贵州等省区。

含单宁部分	分析结果（干基）				产地
	单宁 /%	非单宁 /%	不溶物 /%	纯度 /%	
根皮	20.6	11.8	11.1	63.5	浙江龙泉
木材	6.98	11.44	8.52	37.89	浙江龙泉

（十四）豆科 Leguminosae

46. 台湾相思 *Acacia confusa* Merr.

常绿乔木。苗期第一片真叶为羽状复叶，长大后小叶退化，叶柄变为叶状柄，披针形，长6~10厘米，宽5~13毫米，有明显的纵脉3~5（~8）条。头状花序球形，单生或2~3个簇生于叶腋，直径约1厘米；总花梗长8~10毫米；花金黄色；花瓣淡绿色，长约2毫米；雄蕊多数，明显超出花冠之外；子房被黄褐色柔毛，花柱长约4毫米。荚果扁平，长4~12厘米，宽7~10毫米，干时深褐色，有光泽，于种子间微缢缩；种子2~8颗，椭圆形，压扁，长5~7毫米。花期3~10月；果期8~12月。

产于我国台湾、福建、广东、广西、云南。菲律宾、印度尼西亚、斐济也有分布。

含单宁部分	分析结果（干基）				产地
	单宁 /%	非单宁 /%	不溶物 /%	纯度 /%	
树皮	25.54	13.76	7.11	64.98	福建莆田
树皮	23.23	13.74	4.49	62.8	广东潮阳
树皮	10.45	12.74	3.25	45.06	广西南宁
树皮	16.47	11.67	6.89	58.51	广西南宁

47. 黑荆 *Acacia mearnsii* De Wild.

常绿乔木。二回羽状复叶，羽片8~20对，长2~7厘米，每对羽片着生处附近及叶轴的其他部位都具有腺体；小叶30~40对，排列紧密，线形，长2~3毫米，宽0.8~1毫米。头状花序圆球形，直径6~7毫米，在叶腋排成总状花序或在枝顶排成圆锥花序；总花梗长7~10毫米。花淡黄色或白色。荚果长圆形，扁平，长5~10厘米，宽4~5毫米，于种子间略收窄，老时黑色；种子卵圆形，黑色，有光泽。花期6月；果期8月。

原产于澳大利亚，我国浙江、福建、台湾、广东、广西、云南、四川等省区有引种。

含单宁部分	分析结果（干基）				产地
	单宁 /%	非单宁 /%	不溶物 /%	纯度 /%	
树皮	44.6	12.98	4.84	77.46	广西南宁
树皮	37.05	8.57	2.98	81.21	广西大青山
树皮	48.17	7.9	3.39	85.91	广东廉江
树皮	38.8	7.65	2.91	83.51	广东廉江

注：部分图片由中国林业科学研究院高原林业研究所刘兰香、张建云提供。

48. 楹树 *Albizia chinensis* (Osbeck) Merr.

落叶乔木。二回羽状复叶，羽片6~12对；总叶柄基部和叶轴上有腺体；小叶20~35（40）对，无柄，长椭圆形，长6~10毫米，宽2~3毫米。头状花序有花10~20朵，再排成顶生的圆锥花序；花萼漏斗状，长约3毫米，有5短齿；花冠长约为花萼的2倍，裂片卵状三角形；雄蕊长约25毫米；子房被黄褐色柔毛。荚果扁平，长10~15厘米，宽约2厘米，幼时稍被柔毛，成熟时无毛。花期3~5月；果期6~12月。

产于我国福建、湖南、广东、广西、云南、西藏。南亚至东南亚亦有分布。

含单宁部分	分析结果（干基）				产地
	单宁 /%	非单宁 /%	不溶物 /%	纯度 /%	
树皮	11.39	10.81	2.55	51.31	广西凭祥
树皮	9.86	9.35	0.94	51.33	广西凭祥
树皮	1.09	8.84	0.47	10.98	广西凭祥

注：部分图片由广西壮族自治区林业科学研究院林建勇提供。

49. 山槐 *Albizia kalkora* (Roxb.) Prain

落叶乔木。二回羽状复叶；羽片2~4对；小叶5~14对，长圆形或长圆状卵形，长1.8~4.5厘米，宽7~20毫米。头状花序2~7枚；花初白色，后变黄，具明显的小花梗；花萼管状，长2~3毫米，5齿裂；花冠长6~8毫米，中部以下连合呈管状，裂片披针形，花萼、花冠均密被长柔毛；雄蕊长2.5~3.5厘米，基部连合呈管状。荚果带状，长7~17厘米，宽1.5~3厘米；种子4~12颗，倒卵形。花期5~6月；果期8~10月。

产于我国华北、西北、华东、华南至西南各省区。越南、缅甸、印度亦有分布。

含单宁部分	分析结果（干基）				产地
	单宁/%	非单宁/%	不溶物/%	纯度/%	
树皮	22.31	8.04	1.03	73.51	广西百色
树皮	11.41	10.54	0.84	51.98	广西百色
树皮	15.12	12.17	1.39	55.43	广西百色

注：果枝照片由郑州师范学院张云霞提供。

50. 日本羊蹄甲 *Bauhinia japonica* Maxim.

藤本，具卷须。叶纸质，外轮廓近圆形，长和宽4~9厘米，基部通常深心形，深凹入达2~3厘米，先端深裂达叶长的1/3~1/2，裂片卵形；基出脉(7~)9~13条；叶柄长3~4厘米。总状花序顶生，长10~23厘米；萼与花梗均密被锈色短柔毛，高2毫米，宽3毫米，裂片阔卵形至三角形，长约2毫米；花瓣淡绿色，长约10毫米，宽约4.5毫米，瓣片倒卵状长圆形；能育雄蕊3枚，花丝无毛，长11毫米；退化雄蕊2枚；子房密被锈色丝质柔毛，具短而粗的子房柄，柱头小。荚果长圆状舌形，长4~7厘米，宽2~2.8厘米；种子1~5颗，近肾形。花期1~5月；果期6~9月。

产于我国广东和海南。日本也有分布。

含单宁部分	分析结果（干基）				产地
	单宁 /%	非单宁 /%	不溶物 /%	纯度 /%	
根皮	20.75	7.46	4.76	73.55	广东徐闻

注：该种照片由中国科学院华南植物园涂铁要提供。

51. 云实 *Caesalpinia decapetala* (Roth) Alston

藤本；枝、叶轴和花序均被柔毛和钩刺。二回羽状复叶长20~30厘米；羽片3~10对，对生，具柄，基部有刺1对；小叶8~12对，膜质，长圆形，长10~25毫米，宽6~12毫米。总状花序顶生，直立，长15~30厘米；总花梗多刺；花梗长3~4厘米；萼片5，长圆形；花瓣黄色，圆形或倒卵形，长10~12毫米；雄蕊与花瓣近等长，花丝基部扁平，下部被绵毛；子房无毛。荚果长圆状舌形，长6~12厘米，宽2.5~3厘米，沿腹缝线膨胀成狭翅，成熟时沿腹缝线开裂，先端具尖喙；种子6~9颗，椭圆状，长约11毫米，宽约6毫米，种皮棕色。花果期4~10月。

产于我国广东、广西、云南、四川、贵州、湖南、湖北、江西、福建、浙江、江苏、安徽、河南、河北、陕西、甘肃等省区。亚洲热带和温带地区有分布。

含单宁部分	分析结果（干基）				产地
	单宁 /%	非单宁 /%	不溶物 /%	纯度 /%	
果荚	4.3	8.7	2.8	33	浙江龙泉

（十五）大戟科 Euphorbiaceae

52. 毛果算盘子 *Glochidion eriocarpum* Champ. ex Benth.

常绿灌木。叶片纸质，卵形、狭卵形或宽卵形，长4~8厘米，宽1.5~3.5厘米，两面均被长柔毛；侧脉每边4~5条；叶柄长1~2毫米，被柔毛。花单生或2~4朵簇生于叶腋内。雄花：花梗长4~6毫米；萼片6，长倒卵形，长2.5~4毫米；雄蕊3枚。雌花：几无花梗；萼片6，长圆形，长2.5~3毫米；子房扁球状，密被柔毛，4~5室；花柱合生呈圆柱状，直立，长约1.5毫米，顶端4~5裂。蒴果扁球状，直径8~10毫米，具4~5条纵沟，密被长柔毛，花柱宿存。花果期几乎全年。

产于我国江苏、福建、台湾、湖南、广东、海南、广西、贵州和云南等省区。越南也有分布。

含单宁部分	分析结果（干基）				产地
	单宁 /%	非单宁 /%	不溶物 /%	纯度 /%	
树皮	9.65	10.99	2	46.7	广西

53. 余甘子 *Phyllanthus emblica* L.

落叶小乔木。叶片二列，线状长圆形，长8~20毫米，宽2~6毫米；侧脉每边4~7条；叶柄长0.3~0.7毫米。多朵雄花和1朵雌花或全为雄花组成腋生的聚伞花序；萼片6。雄花：花梗长1~2.5毫米；萼片黄色，长倒卵形或匙形，长1.2~2.5毫米，宽0.5~1毫米；雄蕊3，花丝合生成长0.3~0.7毫米的柱；花盘腺体6，近三角形。雌花：花梗长约0.5毫米；萼片长圆形或匙形，长1.6~2.5毫米，宽0.7~1.3毫米；花盘杯状，包藏子房达一半以上，边缘撕裂；子房卵圆形，长约1.5毫米，3室，花柱3，长2.5~4毫米，基部合生，顶端2裂，裂片顶端再2裂。蒴果呈核果状，圆球形，直径1~1.3厘米，外果皮肉质，绿白色或淡黄白色，内果皮硬壳质；种子略带红色，长5~6毫米，宽2~3毫米。花期4~6月，果期7~9月。

产于我国江西、福建、台湾、广东、海南、广西、四川、贵州和云南等省区。也分布于印度、斯里兰卡、印度尼西亚、马来西亚和菲律宾等，南美有栽培。

含单宁部分	分析结果（干基）				产地
	单宁 /%	非单宁 /%	不溶物 /%	纯度 /%	
树皮	28	13.94	—	66.67	广东潮阳
树皮	22.4	6.5	—	77.5	云南屏边

54. 乌桕 *Sapium sebiferum* (L.) Roxb.

　　落叶乔木。叶互生，叶片菱形、菱状卵形或稀有菱状倒卵形，长3~8厘米，宽3~9厘米，侧脉6~10对；叶柄纤细，长2.5~6厘米，顶端具2腺体。花单性，雌雄同株，聚集成顶生、长6~12厘米的总状花序。雄花：花梗纤细，长1~3毫米；苞片阔卵形，长和宽近相等，约2毫米，每一苞片内具10~15朵花；雄蕊2枚，罕有3枚。雌花：花梗长3~3.5毫米；苞片深3裂，每一苞片内仅1朵雌花；花萼3深裂；子房卵球形，3室，花柱3，基部合生，柱头外卷。蒴果梨状球形，直径1~1.5厘米。具3颗种子，种子扁球形，黑色，长约8毫米，宽6~7毫米，外被白色、蜡质的假种皮。花期4~8月。

　　分布于我国黄河以南各省区，北达陕西、甘肃。日本、越南、印度也有；此外，欧洲、美洲和非洲亦有栽培。

含单宁部分	分析结果（干基）				产地
	单宁 /%	非单宁 /%	不溶物 /%	纯度 /%	
叶	8.7	24	2.3	26.6	浙江龙泉

55. 木油桐 *Vernicia montana* Lour.

落叶乔木。叶阔卵形，长8~20厘米，宽6~18厘米，掌状脉5条；叶柄长7~17厘米，顶端有2枚具柄的杯状腺体。雌雄异株或有时同株异序；花萼无毛，长约1厘米，2~3裂；花瓣白色或基部紫红色且有紫红色脉纹，倒卵形，长2~3厘米，基部爪状。雄花：雄蕊8~10枚，外轮离生，内轮花丝下半部合生，花丝被毛。雌花：子房密被棕褐色柔毛，3室，花柱3枚，2深裂。核果卵球状，直径3~5厘米，具3条纵棱，有种子3颗，种子扁球状，种皮厚，有疣突。花期4~5月。

分布于我国浙江、江西、福建、台湾、湖南、广东、海南、广西、贵州、云南等省区。越南、泰国、缅甸也有分布。

含单宁部分	分析结果（干基）				产地
	单宁 /%	非单宁 /%	不溶物 /%	纯度 /%	
枝叶	18.26	7.48	5.57	70.94	福建将乐

（十六）漆树科 Anacardiaceae

56. 黄栌 Cotinus coggygria Scop.

落叶灌木。叶倒卵形或卵圆形，长3~8厘米，宽2.5~6厘米，侧脉6~11对。圆锥花序；花杂性，径约3毫米；花梗长7~10毫米；花萼无毛，裂片卵状三角形，长约1.2毫米，宽约0.8毫米；花瓣卵形或卵状披针形，长2~2.5毫米，宽约1毫米，无毛；雄蕊5枚，长约1.5毫米，花药卵形，与花丝等长，花盘5裂，紫褐色；子房近球形，径约0.5毫米，花柱3，分离，不等长。果肾形，长约4.5毫米，宽约2.5毫米，无毛。

产于我国河北、山东、河南、湖北、四川、广东等地；生长于海拔700~1620米的向阳山坡林中。间断分布于东南欧。

含单宁部分	分析结果（干基）				产地
	单宁 /%	非单宁 /%	不溶物 /%	纯度 /%	
木材（带皮）	6.54	7.33	2.33	47.15	河南南阳
树叶	10.34	13.25	—	43.4	河北
树干	6.43	6.13	—	51.2	河北
叶	4.63	7.5	0.72	38.17	广东德封

57. 盐肤木 *Rhus chinensis* Mill.

落叶小乔木或灌木，高可达10米，小枝棕褐色。叶片多形，卵形、椭圆状卵形或长圆形，先端急尖，基部圆形；顶生小叶基部楔形，叶面暗绿色，叶背粉绿色，小叶无柄。圆锥花序宽大，多分枝，雌花序较短，密被锈色柔毛；苞片披针形，花白色，裂片长卵形，花瓣倒卵状长圆形，开花时外卷；花丝线形，花药卵形，子房不育。核果球形，略压扁，成熟时红色，8~9月开花，10月结果。

在中国除东北、内蒙古和新疆外，其余各省区均有分布；印度、中南半岛、马来西亚、印度尼西亚、日本和朝鲜亦有分布。生长于海拔170~2700米的向阳山坡、沟谷、溪边的疏林或灌丛中。

盐肤木是中国主要经济树种，为制药和工业染料的原料，其皮部、种子还可榨油。在园林绿化中，可作为观叶、观果的树种。花开于8~9月，蜜、粉都很丰富，是良好的蜜源植物。根、叶、花及果均可入药，有清热解毒、舒筋活络、散瘀止血、涩肠止泻之效。

五倍子是寄生在盐肤木上虫瘿的总称，是一种传统的生物中药材。中国五倍子产量占世界总产量的95%以上，享有"中国倍子"之盛誉，其资源主要分布在武陵山区和秦巴山区，年产量在9000吨左右。生产上根据植物种类和倍子性状可分为角倍、肚倍和倍花3类。其中角倍含五倍子单宁为65.5%~67.5%，肚倍约68.8%~71.4%，倍花类约33.9%~38.5%。不同产区的五倍子产量不同，各产地角倍单宁酸、没食子酸含量和性状特征也不相同（表1）。

表1　各产地角倍单宁酸、没食子酸含量和性状特征

产地	单宁酸含量 /%	没食子酸含量 /%	倍壁厚度 /%	密度 /（克／毫升）
盐津	62.67 ± 0.30	70.35 ± 0.41	1.62 ± 0.18	0.20 ± 0.05
绥阳	66.55 ± 0.58	74.94 ± 1.01	1.65 ± 0.22	0.27 ± 0.09
湘潭	64.73 ± 0.47	74.62 ± 0.21	1.67 ± 0.20	0.22 ± 0.05
台江	64.44 ± 1.09	73.68 ± 0.48	1.63 ± 0.17	0.30 ± 0.08
印江	61.59 ± 0.36	71.56 ± 0.83	1.87 ± 0.32	0.33 ± 0.08
万源	67.43 ± 0.22	77.61 ± 0.79	1.79 ± 0.20	0.27 ± 0.07
峨眉	67.67 ± 0.02	77.08 ± 0.52	2.01 ± 0.22	0.15 ± 0.04
永定	64.72 ± 0.73	74.27 ± 1.04	1.85 ± 0.22	0.26 ± 0.07
桑植	63.75 ± 0.27	73.66 ± 0.56	1.85 ± 0.17	0.27 ± 0.05
古丈	62.55 ± 0.32	72.07 ± 0.79	1.54 ± 0.20	0.27 ± 0.05
竹山	61.72 ± 1.22	70.65 ± 0.33	1.70 ± 0.09	0.23 ± 0.08
五峰	65.11 ± 0.35	75.86 ± 1.07	1.70 ± 0.22	0.29 ± 0.08

注：该种照片由湖北省林业科学研究院查玉平提供。

（十七）杜英科 Elaeocarpaceae

58. 猴欢喜 *Sloanea sinensis* (Hance) Hemsl.

常绿乔木。叶薄革质，通常为长圆形或狭窄倒卵形，长6~9厘米，宽3~5厘米，侧脉5~7对；叶柄长1~4厘米。花多朵簇生；花柄长3~6厘米；萼片4片，阔卵形，长6~8毫米；花瓣4~5片，长7~9毫米，白色至淡绿色，先端撕裂，有齿刻；雄蕊与花瓣等长；子房被毛，卵形，长4~5毫米，花柱连合，长4~6毫米，下半部有微毛。蒴果宽2~5厘米，3~7瓣裂开；果瓣长2~3.5厘米，厚3~5毫米；针刺长1~1.5厘米；内果皮紫红色；种子长1~1.3厘米，黑色，假种皮黄色。花期9~11月，果期翌年6~7月。

产于我国广东、海南、广西、贵州、湖南、江西、福建、台湾和浙江。越南也有分布。

含单宁部分	分析结果（干基）				产地
	单宁/%	非单宁/%	不溶物/%	纯度/%	
总苞	1.7	2.8	2.1	38	浙江龙泉

（十八）桃金娘科 Myrtaceae

59. 蓝桉 *Eucalyptus globulus* Labill.

大乔木；树皮灰蓝色，呈片状剥落；嫩枝略有棱。幼态叶对生，叶片卵形，基部心形，无柄，有白粉；成熟叶片革质，披针形，镰状，长15~30厘米，宽1~2厘米，两面有腺点，叶柄长1.5~3厘米，稍扁平。花大，宽4毫米，单生或2~3朵聚生于叶腋内；无花梗或极短；萼管倒圆锥形，长1厘米，宽1.3厘米，表面有4条突起棱角和小瘤状突起，被白粉；帽状体稍扁平，中部为圆锥状突起，比萼管短，2层，外层平滑，早落；雄蕊长8~13毫米；花柱长7~8毫米，粗大。蒴果半球形，有4棱，宽2~2.5厘米，果缘平而宽，果瓣不突出。

原产于澳大利亚，我国广西、云南、四川等地有栽培。

含单宁部分	分析结果（干基）				产地
	单宁 /%	非单宁 /%	不溶物 /%	纯度 /%	
树皮	4.61	12.77	2.47	26.52	四川雅安

注：本种照片由中科院昆明植物所羅华提供。

60. 桉 *Eucalyptus robusta* Smith

常绿大乔木；树皮宿存，深褐色，厚2厘米，有不规则斜裂沟；嫩枝有棱。幼态叶对生，叶片厚革质，卵形，长11厘米，宽达7厘米；成熟叶卵状披针形，厚革质，不等侧，长8~17厘米，宽3~7厘米，两面均有腺点，叶柄长1.5~2.5厘米。伞形花序粗大，有花4~8朵，总梗压扁，长2.5厘米以内；花梗短，长约4毫米，粗而扁平；花蕾长1.4 ~ 2厘米，宽7~10毫米；萼管半球形或倒圆锥形，长7~9毫米，宽6~8毫米；帽状体约与萼管同长，先端收缩成喙；雄蕊长1~1.2厘米。蒴果卵状壶形，长1~1.5厘米，上半部略收缩，蒴口稍扩大，果瓣3~4，深藏于萼管内。花期4~9月。

原产于澳大利亚，在我国华南各省为行道树，在四川、云南个别生境则生长较好。

含单宁部分	分析结果（干基）				产地
	单宁 /%	非单宁 /%	不溶物 /%	纯度 /%	
树皮	2.17	8.08	0.75	21.17	四川雅安

61. 细叶桉 *Eucalyptus tereticornis* Smith

常绿大乔木；树皮平滑，灰白色，呈片状脱落；嫩枝圆形，下垂。幼态叶片卵形至阔披针形，宽达10厘米；成熟叶片狭披针形，长10~25厘米，宽1.5~2厘米，两面有细腺点，叶柄长1.5~2.5厘米。伞形花序腋生，有花5~8朵，总梗圆形，粗壮，长1~1.5厘米；花梗长3~6毫米；花蕾长卵形，长1~1.3毫米或更长；萼管长2.5~3毫米，宽4~5毫米；帽状体长7~10毫米，渐尖；雄蕊长6~9毫米。蒴果近球形，宽6~8毫米，果缘突出萼管2~2.5毫米，果瓣4。

原产地在澳大利亚东部沿海地区，我国广东、广西、福建、贵州、云南、四川等地均有栽种。

含单宁部分	分析结果（干基）				产地
	单宁 /%	非单宁 /%	不溶物 /%	纯度 /%	
树皮	7.03	18.48	2.49	24.11	四川雅安

62. 桃金娘 *Rhodomyrtus tomentosa* (Ait.) Hassk.

灌木，高1~2米。叶对生，革质，叶片椭圆形或倒卵形，长3~8厘米，宽1~4厘米，离基三出脉，直达先端且相结合，中脉有侧脉4~6对；叶柄长4~7毫米。花常单生，紫红色，直径2~4厘米；萼管倒卵形，长6毫米，有灰绒毛，萼裂片5，近圆形，长4~5毫米，宿存；花瓣5，倒卵形，长1.3~2厘米；雄蕊红色，长7~8毫米；子房下位，3室，花柱长1厘米。浆果卵状壶形，长1.5~2厘米，宽1~1.5厘米，熟时紫黑色；种子每室2列。花期4~5月。

产于我国台湾、福建、广东、广西、云南、贵州及湖南最南部。也分布于菲律宾、日本、印度、斯里兰卡、马来西亚及印度尼西亚等地。

含单宁部分	分析结果（干基）				产地
	单宁 /%	非单宁 /%	不溶物 /%	纯度 /%	
干枝及叶	10.13	9.28	3.67	52.12	广西

（十九）红树科 Rhizophoraceae

63. 木榄 *Bruguiera gymnorhiza* (L.) Savigny

乔木或灌木。叶椭圆状矩圆形，长7~15厘米，宽3~5.5厘米；叶柄长2.5~4.5厘米；托叶长3~4厘米。花单生，盛开时长3~3.5厘米，有长1.2~2.5厘米的花梗；萼平滑无棱，呈暗黄红色，裂片11~13；花瓣长1.1~1.3厘米，中部以下密被长毛，上部无毛或几无毛，2裂，裂片顶端有2~3(~4)条刺毛，裂缝间具刺毛1条；雄蕊略短于花瓣；花柱3~4棱柱形，长约2厘米，黄色，柱头3~4裂。胚轴长15~25厘米。花果期几全年。

产于我国广东、广西、福建、台湾及其沿海岛屿；生长于浅海盐滩。分布于非洲东南部、印度、斯里兰卡、马来西亚、泰国、越南、澳大利亚等地。

含单宁部分	分析结果（干基）				产地
	单宁 /%	非单宁 /%	不溶物 /%	纯度 /%	
树皮	7.71	20.64	3.52	27.21	广西合浦
树皮	19.68	15.62	1.96	55.75	广西合浦

64. 海莲 *Bruguiera sexangula* (Lour.) Poir.

常绿乔木或灌木，高4~8米。叶矩圆形或倒披针形，长7~11厘米，宽3~4.5厘米；叶柄长2.5~3厘米。花单生于长4~7毫米的花梗上，盛开时长2.5 ~ 3厘米，直径2.5~3厘米；花萼鲜红色，微具光泽，萼筒有明显的纵棱，裂片9~11，常为10；花瓣金黄色，长9~14毫米，边缘具长粗毛，2裂，裂缝间有刺毛1条，常短于裂片；雄蕊长7~12毫米；花柱红黄色，有3~4条纵棱，长12~16毫米，柱头3~4裂。胚轴长20~30厘米。花果期秋冬季至次年春季。

产于我国海南。也分布于印度、斯里兰卡、马来西亚、泰国、越南。

含单宁部分	分析结果（干基）				产地
	单宁 /%	非单宁 /%	不溶物 /%	纯度 /%	
树皮	33.15	12.32	2.87	73.12	海南岛铺前港
树皮	20.34	11.2	3.02	64.48	海南岛清澜港
树皮	20.1	16.88	2.06	54.35	海南岛新英港
木材	1.73	4.61	0.45	27.28	海南岛琼山

65. 角果木 *Ceriops tagal* (Perr.) C. B. Rob.

常绿灌木或小乔木，高2~5米。叶倒卵形至倒卵状矩圆形，长4~7厘米，宽2~3厘米，中脉在两面突起，侧脉不明显；叶柄略粗壮，长1~3厘米。聚伞花序腋生，具总花梗，长2~2.5厘米，分枝，有花2~4(~10)朵；花小，盛开时长5~7毫米；花萼裂片小，花时直，果时外反或扩展；花瓣白色，短于萼，顶端有3枚或2枚微小的棒状附属体；雄蕊长短相间，短于花萼裂片。果实圆锥状卵形，长1~1.5厘米，基部直径0.7~1厘米；胚轴长15~30厘米，中部以上略粗大。花期秋冬季，果期冬季。

产于我国广东、海南、台湾。也分布于非洲东部、斯里兰卡、印度、缅甸、泰国、马来西亚、菲律宾、澳大利亚北部。

含单宁部分	分析结果（干基）				产地
	单宁 /%	非单宁 /%	不溶物 /%	纯度 /%	
树皮	28.15	12.84	8.36	68.58	海南岛铺前港
树皮	27.67	11.56	8.26	71.97	海南岛铺前港
木材	5.73	5.13	2.21	52.76	海南岛铺前港

66. 秋茄树 *Kandelia candel* (L.) Druce

常绿灌木或小乔木，高2~3米，枝有膨大的节。叶椭圆形、矩圆状椭圆形或近倒卵形，长5~9厘米，宽2.5~4厘米；叶柄粗壮，长1~1.5厘米。二歧聚伞花序，有花4(~9)朵；花具短梗，盛开时长1~2厘米，直径2~2.5厘米；花萼裂片革质，长1~1.5厘米，宽1.5~2毫米，短尖，花后外反；花瓣白色，膜质，短于花萼裂片；雄蕊无定数，长短不一，长6~12毫米；花柱丝状，与雄蕊等长。果实圆锥形，长1.5~2厘米，基部直径8~10毫米；胚轴细长，长12~20厘米。花果期几全年。

产于我国广东、广西、福建、台湾。也分布于印度、缅甸、泰国、越南、马来西亚等。

含单宁部分	分析结果（干基）				产地
	单宁/%	非单宁/%	不溶物/%	纯度/%	
树皮	23.3	22.6	3.67	50.75	广西合浦
树皮	26.08	23.54	3.78	52.55	广西合浦
树皮	12.14	6.87	3.46	63.86	海南岛琼山
树皮	27.08	12.84	7.09	67.84	海南岛琼山
树皮	30.76	13.15	6.54	70.04	福建云霄

67. 红树 *Rhizophora apiculata* Blume

常绿乔木或灌木，高2~4米。叶椭圆形至矩圆状椭圆形，长7~12(~16)厘米，宽3~6厘米，侧脉干燥后在上面稍明显；叶柄粗壮，淡红色，长1.5~2.5厘米。总花梗着生于已落叶的叶腋，比叶柄短，有花2朵；无花梗；花萼裂片长三角形，长10~12毫米；花瓣膜质，长6~8毫米；雄蕊约12枚，4枚瓣上着生，8枚萼上着生，短于花瓣；子房上部钝圆锥形，长1.5~2.5毫米，为花盘包围，花柱极不明显，柱头浅2裂。果实倒梨形，长2~2.5厘米，直径1.2~1.5厘米；胚轴圆柱形，略弯曲，绿色，长20~40厘米。花果期几全年。

产于我国海南、广东等地。也分布于东南亚、美拉尼西亚、密克罗尼西亚及澳大利亚北部等地区。

含单宁部分	分析结果（干基）				产地
	单宁 /%	非单宁 /%	不溶物 /%	纯度 /%	
树皮	17.94	11.78	4.79	60.36	海南岛铺前港
树皮	12.36	16.62	4.84	42.65	海南岛新英港
树皮	17.79	15.62	6.92	53.3	雷州半岛海康港
木材	2.38	7.62	1.01	23.8	海南岛琼山
树皮	15.82	12.63	3.46	55.61	广西合浦
树皮	15.05	11.82	2.89	56.01	广西合浦
树皮	22.73	14.8	4.26	60.53	广西合浦

（二十）使君子科 Combretaceae

68. 榄李 *Lumnitzera racemosa* Willd.

常绿灌木或小乔木，高2~8米。叶常聚生于枝顶，叶片厚，肉质，匙形或狭倒卵形，长5.7~6.8厘米，宽1.5~2.5厘米，侧脉通常3~4对；无柄，或具极短的柄。总状花序腋生，花序长2~6厘米；花序梗压扁，有花6~12朵；萼管延伸于子房之上，长约5毫米，宽约3毫米，裂齿5，三角形，长1~2毫米；花瓣5枚，白色，芳香，长椭圆形，长4.5~5毫米，宽约1.5毫米；雄蕊10枚或5枚，花丝长4~5毫米；子房纺锤形，长6~8毫米；花柱圆柱状，长4毫米。果成熟时褐黑色，木质，坚硬，卵形至纺锤形，长1.4~2厘米，径5~8毫米；种子1颗，圆柱状。花果期12月至翌年3月。

产于我国广东、海南、广西及台湾省海岸边。

含单宁部分	分析结果（干基）				产地
	单宁 /%	非单宁 /%	不溶物 /%	纯度 /%	
树皮	20.8	11.39	5.22	63.96	海南岛清澜港

（二十一）紫金牛科 Myrsinaceae

69. 蜡烛果 *Aegiceras corniculatum* (L.) Blanco

常绿灌木或小乔木，高1.5~4米。叶互生，于枝条顶端近对生，叶片革质，倒卵形、椭圆形或广倒卵形，长3~10厘米，宽2~4.5厘米，两面密布小窝点，侧脉7~11对；叶柄长5~10毫米。伞形花序，生于枝条顶端，无柄，有花10余朵；花梗长约1厘米，多少具腺点；花长约9毫米，花萼长约5毫米；花冠白色，钟形，长约9毫米，管长3~4毫米，裂片长约5毫米；雄蕊较花冠略短；雌蕊与花冠等长，子房卵形。蒴果圆柱形，弯曲如新月形，顶端渐尖，长约6(~8)厘米，直径约5毫米；宿存萼紧包基部。花期12月至翌年1~2月，果期10~12月；有时花期4月，果期2月。

产于我国广西、广东、福建及南海。印度、中南半岛、菲律宾及澳大利亚南部等也有分布。

含单宁部分	分析结果（干基）				产地
	单宁 /%	非单宁 /%	不溶物 /%	纯度 /%	
树皮	17.12	19.87	2.03	46.28	广西合浦
树皮	19.58	18.14	0.68	51.91	广西合浦
树皮	6.74	12.85	1.93	34.41	海南岛清澜港

（二十二）柿科 Ebenaceae

70. 柿 *Diospyros kaki* Thunb.

落叶乔木。叶卵状椭圆形至倒卵形或近圆形，长5~18厘米，宽2.8~9厘米，侧脉每边5~7条；叶柄长8~20毫米。花常雌雄异株。雄花小，长5~10毫米；花萼钟状，深4裂；花冠钟状，黄白色，长约7毫米，4裂，雄蕊16~24枚；花梗长约3毫米。雌花单生于叶腋，长约2厘米，直径约3厘米或更大，萼管长约5毫米，直径7~10毫米；花冠淡黄白色或黄白色而带紫红色，长和直径各1.2~1.5厘米，4裂；子房近扁球形，直径约6毫米，多少具4棱；花梗长6~20毫米。果形多样，直径3.5~8.5厘米不等，老熟时呈橙红色或大红色等；宿存萼在花后增大增厚，宽3~4厘米，4裂；果柄粗壮，长6~12毫米。花期5~6月，果期9~10月。

原产于我国长江流域，现在在辽宁、甘肃、山西、四川、云南等省多有栽培。朝鲜、日本、阿尔及利亚、法国、俄罗斯、美国等有栽培。

含单宁部分	分析结果（干基）				产地
	单宁 /%	非单宁 /%	不溶物 /%	纯度 /%	
成熟果实	4.1	16.21	0.52	32.72	山西平遥

（二十三）薯蓣科 Dioscoreaceae

71. 薯莨 *Dioscorea cirrhosa* Lour.

草质藤本，长可达20米左右。块茎一般生长在表土层，为卵形、球形、长圆形或葫芦状，外皮黑褐色，凹凸不平，断面新鲜时红色，干后紫黑色，直径大的甚至可达20多厘米。茎下部有刺。单叶，在茎下部的互生，中部以上的对生；叶片长椭圆状卵形至卵圆形，或为卵状披针形至狭披针形，长5~20厘米，宽1~14厘米，基出脉3~5条，网脉明显；叶柄长2~6厘米。雌雄异株，穗状花序。蒴果不反折，近三棱状扁圆形，长1.8~3.5厘米，宽2.5~5.5厘米。花期4~6月，果期7月至翌年1月仍不脱落。

分布于我国浙江、江西、福建、台湾、湖南、广东、广西、贵州、四川、云南、西藏等地。越南也有分布。

含单宁部分	分析结果（干基）				产地
	单宁 /%	非单宁 /%	不溶物 /%	纯度 /%	
块茎	16.24	13.75	4.85	54.19	贵州平塘
块茎	18.72	10.08	4.43	65.24	湖南苏仙
块茎	24.7	14.29	3.02	33.35	广东高要
块茎	30.65	10.55	4.33	74.39	四川眉山
块茎	23	9.8	—	70.1	云南屏边

注：枝叶照片由福建农林大学陈世品提供。

（二十四）百合科 Liliaceae

72. 菝葜 *Smilax china* L.

攀援灌木。茎长1~5米，疏生刺。叶薄革质或坚纸质，长3~10厘米，宽1.5~10厘米；叶柄长5~15毫米，具宽0.5～1毫米的鞘，几乎都有卷须，脱落点位于靠近卷须处。伞形花序具花十几朵以上；总花梗长1~2厘米；花序托稍膨大，近球形，较少稍延长；花绿黄色，外花被片长3.5~4.5毫米，宽1.5~2毫米，内花被片稍狭；雄花中花药比花丝稍宽；雌花与雄花大小相似，有6枚退化雄蕊。浆果直径6~15毫米，熟时红色，有粉霜。花期2~5月，果期9~11月。

产于我国山东、江苏、浙江、福建、台湾、江西、安徽、河南、湖北、四川、云南、贵州、湖南、广西和广东。缅甸、越南、泰国、菲律宾也有分布。

含单宁部分	分析结果（干基）				产地
	单宁 /%	非单宁 /%	不溶物 /%	纯度 /%	
根部	4.3	10.37	0.58	29.31	浙江龙泉

附录

附表 1 国内外重要单宁植物

序号	中名	学名	英名	部位	类别	单宁含量/%	主产国（或地区）
1	黑荆树	*Acacia mearnsii* De wild.	black wattle	树皮	缩合类	30~45	巴西、南非、坦桑尼亚、肯尼亚
2	阿拉伯金合欢	*Acacia arabica* Willd.	badul	树皮	缩合类	12~20	印度
3	落叶松	*Larix* spp.	larch	树皮	缩合类	9~18	俄罗斯、中国
4	挪威云杉	*Picea abies* Karst.	Norway spruce	树皮	缩合类	10~12	美国、俄罗斯
5	柳树	*Salix* spp.	willow	树皮	缩合类	6~17	俄罗斯
6	耳叶决明	*Cassia auriculata* L.	avaram senna	树皮	缩合类	15~20	印度
7	红茄冬	*Rhizophora mucronata* Lam.	mangrove	树皮	缩合类	25~35	澳大利亚、印度
8	褐槌桉	*Eucalyplus astringens* Maid.	brown mallet eucalyptus	树皮	缩合类	40~50	澳大利亚
9	加拿大铁杉	*Tsuga canadensis* (L.) Carr.	Canada hemlock	树皮	缩合类	10~15	加拿大、美国
10	余甘子	*Phyllanthus emblica* L.	emblic leafflower	树皮	缩合类	25~30	中国、印度
11	毛杨梅	*Myrica esculenta* Buch. Ham.	box myrtle	树皮	缩合类	22~28	中国、印度
12	英国栎	*Quercus robur* L.	English oak	树皮	水解类	8~15	俄罗斯
12	英国栎	*Quercus robur* L.	English oak	木材	水解类	6~12	俄罗斯
13	欧洲栗	*Castanea sativa* Mill.	European chestnut	心材	水解类	10~13	法国、意大利
14	红坚木	*Schinopsis balansea* Engl.	red quebracho	心材	缩合类	20~25	阿根廷、巴拉圭
15	柯子	*Terminalia chebula* Retz.	myrobalamce	果实	水解类	30~35	印度、巴基斯坦
16	栎树	*Quercus* spp.	valonea	碗壳	水解类	30~32	中国、土耳其、希腊

附表 2　中国单宁植物资源分布情况

树种及分布	营林方式	副产品
针叶树，分布于大小兴安岭、小兴安岭（北坡）	天然林、人工林（用材林）	落叶松、云杉（树皮）
针阔叶树，分布于秦岭以北	天然林（薪炭林）	栓皮栎、橡壳、槲树皮
针阔叶树，分布于秦岭、大巴山、巫山、江南丘陵地、南岭山区、贵州高原东部地区	天然林（薪炭林）	栓皮栎、麻栎等橡壳、槲树皮、毛杨梅皮
亚热带阔叶树，分布于南岭以南、广东、广西、福建和台湾沿海	天然林（薪炭林）、人工林（防风林）	毛杨梅、余甘子、木麻黄等树皮
青冈林，分布于云南东北部	天然林	云杉、青冈橡壳
栎类林，秦岭以北、青海东部、甘肃乌鞘岭以东、宁夏南部、大行山以西	天然林	落叶松、槲树皮、橡椀

附表3 我国24科72种单宁植物的单宁含量

科属	普通名	学名	含单宁部分	分析结果（干基）				产地
				单宁/%	非单宁/%	不溶物/%	纯度/%	
松科 Pinaceae	兴安落叶松	Larix gmelini	树皮	7.64~16.09	5.56~7.74	1.78~4.78	49.67~74.32	内蒙古
	新疆落叶松	Larix sibirica	树皮	9.62	12.49	1.40	43.51	新疆
	云杉	Picea asperata	树皮	7.79	12.98	0.77	37.49	黑龙江
	红松	Pinus koraiensis	树皮	5.44	10.44	1.69	34.26	黑龙江
	马尾松	Pinus massoniana	树皮	2.90	1.80	1.10	60.00	浙江龙泉
			鲜松针	4.20	11.70	1.70	27.00	浙江龙泉
			松针渣	5.60	18.90	1.20	22.90	浙江龙泉
杉科 Taxodiaceae	杉木	Cunninghamia sinensis	树皮	3.50	4.20	0.20	45.00	浙江龙泉
			树皮	3.80	3.50	1.40	52.00	浙江龙泉
麻黄科 Ephedraceae	草麻黄	Ephedra sinica	根部	18.95	14.52	2.26	56.62	新疆西部
木麻黄科 Casuarinaceae	木麻黄	Causuarina equisetifolia	树皮	12.95	4.39	3.08	74.68	广东湛江
杨梅科 Myricaceae	杨梅	Myrica rubra	树皮	16.52	3.75	0.97	81.50	广东湛江
			树皮	13.91	3.70	1.17	79.01	广东湛江
			树皮	15.87	2.27	1.21	86.84	广东湛江
			树皮	14.43	3.84	1.29	79.77	广东湛江
			树皮	11.00	8.40	20.30	56.90	浙江龙泉
			根皮	19.40	9.90	34.10	66.10	浙江龙泉
			叶	12.60	14.40	—	47.00	浙江龙泉
			木材	5.58	8.89	5.22	38.32	浙江龙泉

科属	普通名	学名	含单宁部分	分析结果（干基）				产地
				单宁 /%	非单宁 /%	不溶物 /%	纯度 /%	
胡桃科 Juglandaceae	枫杨	*Pterocarya stenoptera*	树皮	6.90	6.60	1.40	51.10	浙江龙泉
			果	31.10	8.22	3.54	79.00	河南栾川
	化香树	*Platycarya strobilacea*	果	11.85	10.49	2.19	53.01	贵州
			果	22.80	7.77	1.80	74.59	安徽
			鳞片	27.12	8.15	2.38	76.94	安徽
			种子	20.56	9.50	2.43	68.37	安徽
			果梗	8.35	7.37	1.15	53.09	安徽
	黄杞	*Engelhardtia roxburghiana*	叶	4.50	18.90	1.50	19.00	浙江龙泉
桦木科 Betulaceae	白桦	*Betula platyphylla*	树皮	15.86	7.66	2.27	66.91	广西
壳斗科 Fagaceae	锥栗	*Castanea henryi*	树皮	5.10	5.80	0.20	46.50	浙江龙泉
			壳斗	6.60	5.00	—	57.00	安徽绩溪
	栗	*Castanea mollissima*	总苞	3.70	2.90	0.90	56.00	浙江龙泉
	茅栗	*Castanea sequinii*	壳斗	9.40	4.30	—	68.60	安徽绩溪
	华南锥	*Castanopsis concinna*	枝叶	6.20	5.50	0.40	53.00	浙江龙泉
	甜槠	*Castanopsis eyrei*	树皮	4.10	2.40	—	63.00	浙江龙泉
	楮	*Castanopsis fargesii*	树皮	6.00	7.90	1.50	42.50	浙江龙泉
	毛锥	*Castanopsis fordii*	树皮	18.10	9.80	—	64.70	福建将乐

续 表

科属	普通名	学名	含单宁部分	分析结果（干基）				产地
				单宁/%	非单宁/%	不溶物/%	纯度/%	
壳斗科 Fagaceae	红锥	*Castanopsis hystrix*	树皮	18.63	10.33	2.05	64.35	福建将乐
	苦槠	*Castanopsis sclerophylla*	树皮	1.60	1.20	0.40	57.00	浙江龙泉
	钩锥	*Castanopsis tibetana*	木材	12.02	3.03	3.29	79.89	福建将乐
	青冈	*Quercus glauca*	树皮	16.00	17.80	3.30	47.30	安徽绩溪
	麻栎	*Quercus acutissima*	壳斗	29.21	14.49	—	66.30	河南济源
			壳斗	21.47	9.07	—	70.30	河南济源
			壳斗	29.12	9.76	—	74.90	河南济源
			壳斗	28.84	11.13	—	72.20	河南济源
			壳斗	24.07	8.64	—	73.70	河南济源
			壳斗	31.39	14.44	—	65.50	河南济源
			壳斗	32.60	17.11	1.99	65.58	河南济源
			壳斗	21.60	12.60	—	63.0	安徽绩溪
			壳斗	25.32	14.81	1.38	63.35	湖南
			壳斗	28.64	14.55	1.96	66.31	陕西石泉
			树叶	5.60	10.70	7.00	34.40	浙江龙泉
			枝叶	6.90	7.30	1.10	48.20	浙江龙泉
	槲栎	*Quercus aliena*	壳斗	9.64	4.00	—	71.20	山西中条山
			壳斗	2.15	7.12	0.76	23.15	贵州
	小叶栎	*Quercus chenii*	树皮	3.40	2.00	1.30	63.00	浙江龙泉
			壳斗	14.40	6.10	—	70.00	安徽绩溪

科属	普通名	学名	含单宁部分	分析结果（干基）				产地
				单宁/%	非单宁/%	不溶物/%	纯度/%	
	槲树	*Quercus dentata*	壳斗	3.83	3.04	0.65	32.01	河南栾川
			壳斗	3.41	2.94	—	61.20	山西中条山
			壳斗	5.13	9.24	—	60.80	河南济源
			树皮	9.31	5.96	2.52	61.00	河南栾川
			树皮	14.44	5.84	1.59	71.20	陕西石泉
			树皮	3.07	5.54	1.48	35.52	贵州
壳斗科 Fagaceae	巴东栎	*Quercus engleriana*	树皮	18.63	10.33	2.05	64.35	福建将乐
	白栎	*Quercus fabri*	枝叶	7.80	3.50	1.20	45.00	浙江龙泉
	蒙古栎	*Quercus mongolica*	壳斗	9.60	5.60	—	64.40	河南济源
			壳斗	6.70	7.30	2.00	48.80	浙江龙泉
	乌冈栎	*Quercus phillyraeoides*	树皮	9.10	5.40	2.30	63.10	安徽绩溪
	栓皮栎	*Quercus variabilis*	壳斗	26.06	15.31	—	62.70	河南济源
			壳斗	25.56	10.32	—	29.20	河南济源
			壳斗	23.47	16.62	2.06	58.63	贵州
			壳斗	29.8	11.8	—	73.0	安徽绩溪
蓼科 Polygonaceae	拳参	*Polygonum bistorta*	根部	12.11	17.75	3.88	40.56	新疆西部
	矮大黄	*Rheum nanum*	根部	11.31	28.73	1.39	28.24	新疆西部
	酸模	*Rumex acetosa*	根部	15.77	6.79	0.5	69.90	河北围场

科属	普通名	学名	含单宁部分	分析结果（干基）				产地
				单宁/%	非单宁/%	不溶物/%	纯度/%	
山茶科 Theaceae	油茶	*Camellia oleifera*	茶蒲	8.60	16.70	1.20	34.10	浙江龙泉
			树皮	4.50	14.50	0.70	23.60	浙江龙泉
			叶	1.00	20.60	3.30	4.80	浙江龙泉
			木材	33.92	8.07	1.52	19.22	浙江龙泉
	木荷	*Schima superba*	树皮	6.10	11.40	5.00	34.30	浙江龙泉
	日本厚皮香	*Ternstroemia japonica*	树皮	6.50	10.30	0.30	37.00	浙江龙泉
木兰科 Magnoliaceae	厚朴	*Magnolia officinalis*	树皮	1.70	20.00	2.00	8.00	浙江龙泉
金缕梅科 Hamamelidaceae	蚊母树	*Distylium racemosum*	树皮	6.62	5.52	1.42	54.53	福建将乐
	枫香树	*Liquidambar formosana*	树叶	13.50	15.90	4.60	45.90	浙江龙泉
			树皮	2.20	12.10	3.30	15.30	浙江龙泉
	檵木	*Loropetalum chinense*	枝叶	5.70	13.70	0.80	29.30	浙江龙泉
蔷薇科 Rosaceae	小果蔷薇	*Rosa cymosa*	根皮	23.33	10.10	11.37	69.59	湖南
	金樱子	*Rosa laevigata*	根皮	20.60	11.80	11.10	63.50	浙江龙泉
			木材	6.98	11.44	8.52	37.89	浙江龙泉
豆科 Leguminosae	台湾相思	*Acacia confusa*	树皮	25.54	13.76	7.11	64.98	福建莆田
			树皮	23.23	13.74	4.49	62.80	广东潮阳
			树皮	10.45	12.74	3.25	45.06	广西南宁
			树皮	16.47	11.67	6.89	58.51	广西南宁

科属	普通名	学名	含单宁部分	分析结果（干基）				产地
				单宁 /%	非单宁 /%	不溶物 /%	纯度 /%	
豆科 Leguminosae	黑荆	*Acacia mearnsii*	树皮	44.60	12.98	4.84	77.46	广西南宁
			树皮	37.05	8.57	2.98	81.21	广西大青山
			树皮	48.17	7.90	3.39	85.91	广东廉江
			树皮	38.80	7.65	2.91	83.51	广东廉江
	楹树	*Albizia chinensis*	树皮	11.39	10.81	2.55	51.31	广西凭祥
			树皮	9.86	9.35	0.94	51.33	广西凭祥
			树皮	1.09	8.84	0.47	10.98	广西凭祥
	山槐	*Albizia kalkora*	树皮	22.31	8.04	1.03	73.51	广西百色
			树皮	11.41	10.54	0.84	51.98	广西百色
			树皮	15.12	12.17	1.39	55.43	广西百色
	日本羊蹄甲	*Bauhinia japonica.*	根皮	20.75	7.46	4.76	73.55	广东徐闻
	云实	*Caesalpinia decapetala*	果荚	4.30	8.70	2.80	33.00	浙江龙泉
大戟科 Euphorbiaceae	毛果算盘子	*Glochidion eriocarpum*	树皮	9.65	10.99	2.00	46.70	广西
	余甘子	*Phyllanthus emblica*	树皮	28.00	13.94	—	66.67	广东潮阳
			树皮	22.40	6.50	—	77.50	云南屏边
	乌桕	*Sapium sebiferum*	叶	8.70	24.00	2.30	26.60	浙江龙泉
	木油桐	*Vernicia montana*	树皮	18.26	7.48	5.57	70.94	福建将乐
漆树科 Anacardiaceae	黄栌	*Cotinus coggygria*	木材 （带皮）	6.54	7.33	2.33	47.15	河南南阳
			树叶	10.34	13.25	—	43.40	河北
			树干	6.43	6.13	—	51.20	河北
			叶	4.63	7.50	0.72	38.17	广东德封

科属	普通名	学名	含单宁部分	分析结果（干基）				产地
				单宁/%	非单宁/%	不溶物/%	纯度/%	
漆树科 Anacardiaceae	盐肤木	*Rhus chinensis*	角倍	65.50~67.50	—	—	—	湖北五峰
			肚倍	68.80~71.40				湖北五峰
			倍花	33.90~38.50				湖北五峰
杜英科 Elaeocarpaceae	猴欢喜	*Sloanea sinensis*	总苞	1.70	2.80	2.10	38.00	浙江龙泉
桃金娘科 Myrtaceae	蓝桉	*Eucalyptus glabulus*	树皮	4.61	12.77	2.47	26.52	四川雅安
	桉	*Eucalyptus robusta*	树皮	2.17	8.08	0.75	21.17	四川雅安
	细叶桉	*Eucalyptus tereticornis*	树皮	7.03	18.48	2.49	24.11	四川雅安
	桃金娘	*Rhodomyrtus tomentosa*	干枝及叶	10.13	9.28	3.67	52.12	广西
红树科 Rhizophoraceae	木榄	*Bruguiera gymnorrhiza*	树皮	7.71	20.64	3.52	27.21	广西合浦
			树皮	19.68	15.62	1.96	55.75	广西合浦
			树皮	20.00	19.13	0.89	51.11	雷州半岛
	海莲	*Bruguiera sexangula*	树皮	33.15	12.32	2.87	73.12	海南岛铺前港
			树皮	20.34	11.20	3.02	64.48	海南岛清澜港
			树皮	20.10	16.88	2.06	54.35	海南岛新英港
			木材	1.73	4.61	0.45	27.28	海南岛琼山
	角果木	*Ceriops tagal*	树皮	28.15	12.84	8.36	68.58	海南岛铺前港
			树皮	27.67	11.56	8.26	71.97	海南岛铺前港
			木材	5.73	5.13	2.21	52.76	海南岛铺前港

科属	普通名	学名	含单宁部分	分析结果（干基）				产地
				单宁/%	非单宁/%	不溶物/%	纯度/%	
红树科 Rhizophoraceae	秋茄树	Kandelia candel	树皮	23.30	22.60	3.67	50.75	广西合浦
			树皮	26.08	23.54	3.78	52.55	广西合浦
			树皮	17.79	17.80	4.23	49.98	雷州半岛
			树皮	12.14	6.87	3.46	63.86	海南岛琼山
			树皮	27.08	12.84	7.09	67.84	海南岛琼山
			树皮	30.76	13.15	6.54	70.04	福建云霄
	红树	Rhizophora apiculata	树皮	17.94	11.78	4.79	60.36	海南岛铺前港
			树皮	12.36	16.62	4.84	42.65	海南岛新英港
			树皮	17.79	15.62	6.92	53.30	雷州半岛海康港
			木材	2.38	7.62	1.01	23.80	海南岛琼山
			树皮	15.82	12.63	3.46	55.61	广西合浦
			树皮	15.05	11.82	2.89	56.01	广西合浦
			树皮	22.73	14.80	4.26	60.53	广西合浦
使君子科 Combretaceae	榄李	Lumnitzera racemosa	树皮	20.80	11.39	5.22	63.96	海南岛清澜港
紫金牛科 Myrsinaceae	蜡烛果	Aegiceras corniculatum	树皮	17.12	19.87	2.03	46.28	广西合浦
			树皮	19.58	18.14	0.68	51.91	广西合浦
			树皮	6.74	12.85	1.93	34.41	海南岛清澜港

| 科属 | 普通名 | 学名 | 含单宁部分 | 分析结果（干基） | | | 产地 |
| | | | | 单宁/% | 非单宁/% | 不溶物/% | 纯度/% | |

科属	普通名	学名	含单宁部分	单宁/%	非单宁/%	不溶物/%	纯度/%	产地
柿科 Ebenaceae	柿	*Diospyros kaki*	成熟果实	4.10	16.21	0.52	32.72	山西平遥
薯蓣科 *Dioscoreaceae*	薯莨	*Dioscorea cirrhosa*	块茎	16.24	13.75	4.85	54.19	贵州平塘
			块茎	18.72	10.08	4.43	65.24	湖南苏仙
			块茎	24.70	14.29	3.02	33.35	广东高要
			块茎	30.65	10.55	4.33	74.39	四川眉山
			块茎	23.00	9.80	—	70.10	云南屏边
百合科 *Liliaceae*	菝葜	*Smilax china*	根	4.30	10.37	0.58	29.31	浙江龙泉

注：单宁测定采用 LY/T 1082—2021《栲胶原料与产品试验方法》。